游戏设计中的世界观搭建

王 一◎著

中国戏剧出版社
CHINA THEATRE PRESS

图书在版编目（CIP）数据

游戏设计中的世界观搭建 / 王一著. -- 北京 : 中国戏剧出版社, 2025. 4 (2026. 3重印). -- ISBN 978-7-104-05636-2
Ⅰ. TP311.5
中国国家版本馆CIP数据核字第2025BK1461号

游戏设计中的世界观搭建

责任编辑：赵宇欣
责任印制：冯志强

出版发行：中国戏剧出版社
出 版 人：樊国宾
社　　址：北京市西城区天宁寺前街2号国家音乐产业基地L座
邮　　编：100055
网　　址：www.theatrebook.cn
电　　话：010-63385980（总编室）　010-63381560（发行部）
传　　真：010-63381560

读者服务：010-63381560
邮购地址：北京市西城区天宁寺前街 2 号国家音乐产业基地 L 座

印　　刷：北京九州迅驰传媒文化有限公司
开　　本：787mm×1092mm　1/16
印　　张：13.25
字　　数：180千字
版　　次：2025年4月　北京第1版第1次印刷
　　　　　2026年3月　北京第1版第2次印刷
书　　号：ISBN 978-7-104-05636-2
定　　价：90.00元

版权专有，违者必究；如有质量问题，请与出版社联系调换。

前 言

在游戏设计中，世界观的搭建是构建沉浸式游戏体验的核心环节。成功的游戏世界观不仅提供了故事的背景和设定，还塑造了玩家的游戏体验，使其能够真正融入虚拟世界。世界观的搭建从多个维度入手，涉及历史背景、文化体系、社会结构和科技水平等方面。游戏设计师需要为游戏世界设定一个详尽的历史沿革，不仅应包括重大事件，还应涵盖社会变迁和文化发展。设计师需要设定社会阶层、政治机构和经济系统，确保这些元素能够相互作用并影响游戏进程。科技水平决定了游戏世界中的技术发展和社会进步，而环境设定则影响游戏的视觉风格和氛围。例如，一个未来主义的科幻游戏可能会展示先进的科技或外星环境，而一个历史模拟游戏则可能聚焦于某一特定历史时期的经济、技术和地理条件。通过精心设计这些元素，游戏能够为玩家提供一种独特的沉浸式的视觉和情感体验。

本书旨在探讨和解析游戏设计过程中世界观的搭建及其重要作用。随着游戏产业的迅速发展，游戏世界观已经成为游戏设计中不可或缺的一部分。一个完整且具有吸引力的世界观不仅能提升玩家的沉浸体验，还能为游戏赋予独有的特征和标签，从而在激烈的市场竞争中脱颖而出。本书全面阐述了游戏世界观的概念、基础元素、推演过程及其具体应用。特别值得一提的是，本书在传统游戏设计的基础上，融合了红色文化元素，探讨了红色题材游戏世界观的构建及其独特价值。红色文化作为中国特有的历史和精神财富，其在游戏中的运用不仅丰富了游戏的内涵，更能传承和弘扬红色精神。本书的目标读者包括游戏设计师、游戏开发者、游戏理论研究者以及对游戏设计感兴趣的广大学者和玩家。通过本书，读者可以系统地了解游戏世界观的设计理论和实践方法，掌握如何在游戏设计项目中构建恰当的世界观，从而提升游戏的整体质量和市场竞争力。

笔者在写作本书的过程中，借鉴了许多前辈的研究成果，在此表示衷心的感谢。由于本书需要探究的层面比较深，对一些相关问题的研究可能不透彻，加之写作时间仓促，书中难免存在一定的疏漏，恳请前辈、同行以及广大读者斧正。

目 录

第一章

世界观概述与作用

第一节　世界观概述

一、世界观的定义

世界观是人们对世界及其运行方式的基本看法和理解，是个人或群体用以解释现实、指导行为和理解自身存在意义的一种综合性认知框架。它包括人们对宇宙、人生、知识、价值和伦理等方面的整体看法。一个人的世界观决定了他如何看待周围的一切，从宏观的宇宙到微观的日常生活。世界观不是静止的，而是动态的，它随着个人的成长、学习和经验的积累不断演变。

世界观通常受到文化、哲学、科学、教育、社会环境和个人经历等多种因素的影响。文化背景提供了最初的世界观基础，哲学为人们提供了解释世界和人类存在意义的深层次框架，科学则通过不断更新的知识体系影响人们对世界的理解。教育在塑造世界观方面起着关键作用，它不仅传授知识，还帮助人们形成批判性思维和独立判断的能力。社会环境的变迁和个人经历的不断丰富则促使人们进一步丰富和调整世界观。一个完整的世界观通常包括对宇宙起源、结构和演变的理解，这部分通常被称为宇宙观。它回答了诸如宇宙是如何形成的，世界的基本构成是什么，以及自然规律如何作用于现实的问题。人生观则关注个人在宇宙中的位置和意义，探讨生命的目的、价值和生活的意义。这一部分往往涉及个人的目标、梦想和价值追求。知识观是世界观的重要组成部分，它探讨知识的本质、来源、获取方式和可靠性。不同的知识观可以形成不同的学习和认知方式，从而影响个体对世界的理解和认知。价值观则涉及对什么是重要的、值得追求的以及如何做出选择和判断的看法，它决定了个人的优先事项和行动方向。伦理观则涉及道德规范、善恶标准和行为准则，指导人们在社会中与他人互动，以及处理各种道德困境。

世界观对个人和社会具有影响深远，它不仅决定了个人的思维方式、情感反应和行为选择，还影响了社会的文化氛围、价值取向和发展方向。一个社会的主流世界观往往体现在其法律、制度、文化产品和社会行为中，成为社会成员共同遵循的行为规范和价值共识。同时，个人世界观的多样性也为社会带来了丰富性和创新力。

二、世界观在不同领域中的表现

（一）哲学领域

在哲学领域，世界观通常体现在对世界本质的根本看法上，这种看法涵盖了对存在、知识、伦理等基本问题的深刻理解。哲学中的世界观不仅为个人提供了一种理解和解释现实的框架，还深刻影响着他们对宇宙、人类存在以及知识来源的根本认知。世界观的形成和发展是一个复杂的过程，受到了各种哲学思潮和理论的影响，其中唯物主义和唯心主义是代表性的观点。

唯物主义作为一种世界观，主张物质是世界的基本组成部分，意识和思想则是物质世界的产物。唯物主义认为，世界的本质是物质的，物质的运动和变化是宇宙中一切现象的根源。根据唯物主义的观点，物质独立于意识存在，物质的客观实在性不依赖于人类的感知或思维。唯物主义强调科学探索和实证研究，认为通过观察和实验可以揭示物质世界的规律，从而增进对现实的理解。唯物主义不仅关注物质世界的客观存在，还试图解释意识、思维和社会现象的产生和发展。在这一视角下，思想和社会制度被视为对物质条件的反映和表现，社会和历史的变化被看作物质条件和生产力发展的结果。

唯心主义则认为，意识、思想和精神是世界的根本实体，物质世界则是意识的产物。唯心主义关注精神和意识，认为现实世界的存在和性质依赖于个体或集体的意识和观念。根据唯心主义的观点，世界的本质不是物质的，而是精神的。人们的感知和思维活动塑造了他们对现实的体验和理解，意识和思想被认为具有创造和改变世界的力量。唯心主义的哲学家们通常探讨如何通过内在的精神体验来理解世界，而不是依赖于外在的物质观察和实验。唯心主义的不同流派包括主观唯心主义和客观唯心主义，前者强调个体意识对现实的塑造作用，后者主张存在一种超越个体意识的绝对精神或理想实体。

哲学中的世界观不仅涉及对宇宙和存在的理解，还包括对知识的来源和性质的探讨。知识论是哲学中的一个重要领域，它研究人类获得知识的途径、知识的可靠性以及知识的界限。不同的世界观对知识的认识有所不同。例如，经验主义认为，知识来源于感官经验和实践，通过感知和经验获得的知识是最为可靠的，而理性主义则主张知识来源于理性和逻辑推理，认为理性和逻辑能够揭示普遍真理。知识论不仅影响个人对信息的理解和评价，还决定了它对真理和现实的基本信念。知识论的研究不仅关注知识的获取方式，还探讨知识的本质、知识的验证标准以及知识的局限性。

伦理学也是哲学中的一个关键领域，它探讨了道德规范、善恶标准和行为准则。伦理学的世界观影响着人们对道德问题的看法，包括什么是正确的行为、什么是公正的社会制度，以及如何解决道德冲突等问题。不同的伦理理论提供了不同的道德框架和指导原则，从而影响个人的道德判断和行为选择。例如，功利主义主张通过最大化整体幸福来判断行为的道德性，而义务论则强调行为的道德义务和原则，认为行为的正当性应当基于道德法则和义务。哲学中的世界观通过对存在、知识和伦理的基本问题进行深入探讨，为个人和社会提供了理解和解释世界的基础。它不仅影响个人对宇宙、人类存在以及知识来源的根本理解，还塑造了人们的思维方式、价值观和道德判断。

不同的哲学流派和理论通过对世界观的不同解读和辩论，推动了人类对现实和自身的不断探索和认识。这种探索不仅丰富了哲学的理论体系，也对个人的思想发展和社会的文化进步产生了深远的影响。

（二）科学领域

在科学领域，世界观体现在对自然世界的解释和理解上。科学中的世界观主要关注通过观察、实验和理论建构来揭示和解释自然现象。科学家们致力于构建系统化的理论框架，以便更好地理解宇宙及其运动规律。这种世界观不仅包括对自然界现象的解释，还涉及通过科学方法不断修正和完善对世界的认识。

历史上，科学的世界观经历了重要的变革和发展。例如，牛顿的经典力学是科学历史上的一个重要里程碑。牛顿通过他的三大运动定律和万有引力定律，建立了一个系统化的物理学理论框架。这一理论成功解释了从地球上的物体运动到天体的轨道运行等广泛的自然现象。牛顿力学在很长一段时间内被视为描述物理世界的标准模型，它不仅为科学界提供了对力和运动的深刻理解，更为后来的科学研究奠定了基础。随着对自然世界认识的深入，科学的世界观不断演变。爱因斯坦的相对论就是这种演变的一个重要例子。相对论包括狭义相对论和广义相对论，向人们提供了对空间、时间和引力的新理解。狭义相对论挑战了牛顿的绝对时间和空间观念，提出了时间和空间是相对的，取决于观察者的运动状态。广义相对论进一步扩展了这一观点，提出引力不是一种传统的力，而是由于时空的弯曲引起的现象。这一理论不仅解决了牛顿力学在高速和强引力场中失效的问题，还在实验中得到了验证，深刻改变了人们对物理世界的认识。

科学的世界观并非一成不变，而是随着新发现和新理论的出现不断演化。科学方法的核心在于通过观察、实验和理论验证来检验和改进对自然界的理解。当新的实验证据或观测结果与现有理论不符时，科学家们会对理论进行修正或发展新的理论，以更好地解释某些现象。例如，量子力学的诞生就是对经典物理学的补充，它解释了微观世界中的粒子行为，这在经典力学中无法解释。量子力学的提出不仅挑战了传统的物理观念，还推动了现代物理学的发展。这种不断演变的科学世界观体现了科学对自然现象的探索和理解是一个动态的过程。科学家们通过不断实验和理论工作，不仅为自然现象提供了越来越精确的解释，更对科学理论进行不断检验和修正。这种过程体现了科学的开放性和自我修正能力，使得科学能够不断适应和回应新的挑战和发现。

（三）文化领域

在文化领域，世界观通过艺术、文学等表现形式体现出来。文化中的世界观不仅反映了一个社会或民族对自身及其周围世界的理解和价值观，还影响了他们的社会行为、历史发展和文化表达。文化世界观是集体意识和共同价值观的体现，通过各种文化产品和表现形式得以展示和传承。不同形式的文化艺术作品，如绘画、雕塑、音乐和舞蹈，都蕴含着该形式对世界的理解和表达方式。例如，中国传统的山水画不仅是对自然风景的描绘，更是对宇宙和人生哲学的艺术表达。山水画中的山和水象征了天地、人与自然的和谐关系，反映了儒、释、道等不同文化中对自然与人的内在联系的看法。而西方的文艺复兴绘画，则强调人文主义和个人主义，表现了对人类理性、科学探索和个人成就的关注。

小说、诗歌、戏剧等形式的文学作品表达了人们对自身存在、社会结构和伦理道德的思考。例如，古希腊戏剧家索福克勒斯的《俄狄浦斯王》探讨了命运、自由意志与道德责任的关系，展示了西方文化对人类命运和社会伦理的关注；相对而言，中国古代文学如《红楼梦》不仅描绘了个人的情感世界，还深刻地反映了社会结构、家庭伦理和人生哲学。

文化中的世界观通过教育、习俗、节庆和日常生活等多方面的表现形式影响着社会成员。其不仅塑造了个人的思想和行为模式，还影响了社会的文化产品和历史发展。通过对不同文化表现形式的研究，我们可以更深入地理解各种文化对世界的看法，以及这些看法如何塑造了人类社会的多样性和复杂性。东方文化与西方文化在宇宙观、人生观、社会价值观等方面的不同表现，展示了各自独特的世界观。这种文化世界观不仅影响了社会行为和历史发展，还通过文化产品和表现形式得以传承和表达。

三、游戏世界观的独特性

（一）互动性与沉浸感

在游戏中，世界观的独特性体现在其高度互动性和沉浸感上。游戏不仅构建了一个虚拟的环境，还允许玩家成为这个世界的一部分，通过他们的选择和行动直接影响世界的进展和结局。这种互动性使得游戏世界观不仅仅是一个设定的背景，而是一个动态的、由玩家参与塑造的体验。与传统的媒介如电影和书籍不同，玩家在游戏中不仅是观察者，还能够成为积极的参与者。通过与游戏世界的互动，玩家体验到了一种独特的参与感和成就感，这种体验在其他媒介中难以获得。这种深度的互动和沉浸感使得游戏世界观能够在玩家的每一次游戏过程中不断演变和丰富。游戏中的世界观通过高度的互动性和沉浸感使得虚拟环境变得生动而富有吸引力。玩家不仅是观察者，他们的选择和行动还会直接影响游戏的世界和故事进展。互动性和沉浸感相结合，为玩家提供了一个深度参与和沉浸的体验，使得游戏世界观成为一个动态而充满活力的虚拟环境。

（二）创造性与自由度

在游戏中，世界观的创造性与自由度为开发者和玩家提供了充分发挥想象力和创造力的空间。与传统媒体如电影和文学作品相比，游戏的世界观不仅可以根据玩家的行为进行即时调整，还能够提供多种可能性和结局，从而创造出丰富多样的虚拟世界。玩家的创造力不仅可以在游戏中找到表达的空间，还可以通过分享和交流促进社区的互动和发展。游戏中的世界观通过高度的创造性和自由度，为开发者和玩家提供了丰富的想象空间和创作机会。开发者可以设计独特的虚拟世界，并赋予其独特的规则、历史和文化，而玩家则能够根据自己的行为和选择对虚拟世界进行即时调整和修改。这种互动性和自由度使得游戏世界观成为一个动态而多样化的体验，让每个玩家都能够在其中发挥自己的创造力，创造出独特的游戏体验。

（三）规则与机制

在游戏中，世界观不仅仅是一个虚拟背景，它还包括特定的游戏机制和规则，这些机制和规则定义了玩家如何与世界互动，并在很大程度上塑造了游戏的玩法和玩家的体验。不同于现实世界的自然法则，游戏世界观中的规则可以涉及魔法、外星科技、超能力等，这些独特的规则和机制不仅赋予了虚拟世界独有的特征，还影响了玩家对世界的理解和参与方式。这些规则通过引入魔法、超能力或其他非现实的元素，创造出独特的虚拟环境，让玩家能够在不同于现实的世界中探索和成长。

（四）叙事与代入感

在游戏中，世界观与叙事密切相关，共同构建了一个完整的虚拟宇宙，支持故事的发展和玩家的沉浸体验。游戏中的世界观不仅是背景板，更通过叙事和角色扮演与玩家的个人经历和情感紧密相连，从而增强了故事的深度和情感共鸣。世界观不仅提供了虚拟环境的设定，还包含丰富的历史、文化和冲突，这些元素共同构建了一个动态的叙事背景。游戏设定了一个复杂的虚拟世界，包含多个相互交织的种族、历史事件和政治冲突，玩家通过完成任务和探索世界，逐渐揭示这个世界的深层背景和故事情节。这种叙事方式使得世界观不仅仅是一个静态的环境，而是一个充满故事和探索价值的动态宇宙。许多游戏通过设计引人入胜的任务和事件来展示世界观中的故事和冲突。例如，玩家通过解决谜题、完成任务和探索世界，逐步揭示游戏中的历史和背景。任务不仅推动了故事的发展，还让玩家在参与过程中感受到游戏世界的真实感和复杂性。这种任务驱动的叙事方法让玩家在完成每一个任务的同时，深入了解了游戏世界的多样性和深度。

第二节　游戏世界观的作用

一、使项目内达成统一认知

（一）提供明确的指导框架

游戏世界观在游戏开发过程中作为核心设定，为团队提供了一个明确的指导框架。这一框架定义了游戏的背景、规则、角色和故事情节，成为所有开发环节的共同参考。这不仅帮助团队成员在开发过程中保持一致性，还确保了不同部门之间的协调性和整体方向的统一。游戏世界观提供了清晰的背景设定，定义了游戏的虚拟宇宙，包括历史、地理、文化和社会结构。这个背景设定为开发团队提供了一个具体的框架，帮助他们在设计和开发过程中保持一致。例如，开发人员在创建游戏世界的地图和环境时，可以参考设定中的地理特征和文化元素，以确保虚拟世界的设计与整体背景一致。这种背景设定还为艺术创作提供了指导，使美术团队能够设计出符合游戏世界观的视觉风格和艺术元素。

这些规则包括角色的能力、物理法则、游戏目标以及玩家如何与世界互动等。明确的规则框架确保了游戏的玩法设计具有一致性，并指导程序员在编码和实现这些机制时进行有效开发。例如，在设计角色的技能和能力时，规则框架可以帮助开发者确保这些技能与游戏世界的设定相符，同时为玩家提供均衡和富有挑战性的体验。

角色的背景、动机和发展，以及故事的情节和冲突，都应当与游戏世界观相一致。明确的角色设定和故事框架帮助编剧和对话设计师创作符合游戏世界观的对话和剧情，使得故事和角色的互动更加自然和真实。艺术团队在设计角色模型和动画时，也会参考这些设定，以确保角色的视觉风格和行为符合故事情节和角色背景。开发团队中的设计师、程序员、艺术家和编剧等人员通常会涉及不同的方面，但他们需要一个共同的参考点来确保所有工作的统一性。通过遵循游戏世界观的框架，团队成员可以更好地理解和执行项目目标，避免出现风格不一致或功能不兼容的问题。例如，设计团队在规划游戏任务和关卡时，可以参考游戏世界观中的历史和文化背景，确保任务和关卡设计与整体世界观相一致。随着开发进程的推进，团队成员可以回顾游戏世界观中的设定，确保所有的开发工作都符合既定的目标和方向。这种一致性不仅提升了游戏的整体质量，还会增强玩家的沉浸感和体验满意度。

游戏世界观作为项目的核心设定，提供了一个明确的指导框架。它定义了游戏的背景、规则、角色和故事情节，为团队提供了共同的参考。这种框架帮助各个部门保持一致性和协调性，确保设计、编程和艺术创作等方面的工作都能有效地朝向游戏的整体目标和方向迈进。通过这一框架，团队能够更好地实现游戏的创意愿景，为玩家提供丰富的虚拟体验。

（二）促进跨部门协作

统一的游戏世界观在游戏开发中扮演着促进跨部门协作的关键角色。通过为团队成员提供一个共同的参考框架，游戏世界观帮助不同专业领域的人员更好地对接和配合，从而提高项目的效率和质量。这种统一性不仅减少了误解和冲突，还确保了各部门在开发过程中的协调一致。统一的游戏世界观提供了一个共同的基础，使各部门能够围绕相同的设定和目标进行工作。

艺术部门在设计角色和环境时，需要依据游戏世界观中的背景设定、文化元素和美学风格。这种背景设定为艺术创作提供了明确的方向，使得角色模型、环境纹理和视觉效果能够与世界观相一致。

设计部门在创建任务和关卡时，会参考这些艺术设计，确保游戏内容与整体世界观的设定相符。这种协调保证了视觉设计和游戏内容之间的统一性，从而增强了游戏的沉浸感和连贯性。

编程部门在实现游戏机制和功能时，也需要以世界观中的规则和设定为依据。例如，游戏的物理系统、角色能力和交互机制都应当符合世界观中的设定。编程人员通过实现这些机制，将世界观中的设定转化为实际的游戏功能，确保玩家的体验与游戏世界的规则相一致。[①] 通过这种方式，编程部门能够有效地将设计意图和艺术创作转化为可操作的游戏内容，从而推动项目的顺利进行。

当所有部门对世界观有共同的理解时，团队成员在讨论和决策时能够更清楚地表达自己的需求和意图。例如，如果艺术部门和设计部门对世界观中的某些元素有不同的理解，可能会导致角色设计与任务内容不匹配。

通过统一的世界观，团队可以在开发初期就达成共识，避免了在开发过程中出现的设计不一致问题，从而减少了修改和调整的需要。团队成员在讨论和制订计划时，可以基于相同的设定进行交流，这种共同的语言和理解有助于提高沟通效率。例如，艺术设计师和程序员可以围绕世界观中的角色和环境设定进行讨论，共同确定如何实现这些设定，以及如何优化游戏的表现和功能。这种跨部门的协作能够更好地协调各方面的工作，确保游戏的设计和功能能够得到有效实现。它为不同专业领域的团队成员提供了一个共同的

① 江岸：《基于 Starling 游戏引擎的项目教学法在 Flash 游戏设计教学中的应用》，《计算机教育》，2015 年第 23 期，第 88–91 页。

参考框架，帮助他们围绕相同的设定和目标开展工作。通过共同理解和讨论世界观中的关键元素，各部门能够更好地对接和配合，从而推动项目的顺利完成并实现最终的创意愿景。

（三）增强项目的凝聚力和一致性

一个清晰的游戏世界观对增强项目团队的凝聚力和一致性起到了至关重要的作用。它为团队提供了一个共同的愿景，使每个成员能够看到自己工作的整体意义，从而激发团队的参与感和责任感。这种共同的认知不仅提升了团队的工作动力，还确保了游戏体验的连贯性和一致性，最终提高玩家的沉浸感和满意度。当团队成员对游戏的世界观有共同的理解时，他们能够更好地认识自己工作的目标和意义。例如，艺术设计师、程序员和设计师都可以围绕世界观中的设定来工作，明确各自的职责如何贡献于整个项目。团队成员能够看到自己工作的成果如何与整体项目相结合，进而增强了参与感和责任感。

一个具体且引人入胜的世界观可以激发团队成员的创造力和热情，使他们对项目充满兴趣和投入。例如，一个构建了丰富历史背景和深刻角色设定的游戏世界观，能够吸引设计师和艺术家投入更多精力去创造符合设定的内容。这种激励效应有助于提升团队的士气和工作积极性，从而推动项目的顺利进行。游戏的世界观不仅定义了背景和故事，还影响了游戏的设计、机制和艺术风格。当所有团队成员遵循统一的世界观进行开发时，游戏的各个方面能够协调一致，避免了设计上的不一致和风格上的不协调。例如，角色的视觉设计、剧情发展和任务设置都会与世界观中的设定保持一致，从而增强游戏的连贯性，使玩家能够更好地沉浸于虚拟世界中。

当游戏中的各个元素——从角色和环境到剧情和机制——都与世界观相符合时，玩家能够更深入地体验到游戏世界的独特性和完整性。例如，游戏的开放世界设计、任务设置和角色互动都紧密围绕游戏的世界观进行，这种一致性让玩家感受到一个生动而连贯的虚拟宇宙，增强了游戏体验的沉浸感和满意度。一个清晰的游戏世界观通过提供明确的项目目标、激发团队的创造力和热情、确保游戏体验的一致性，显著增强了项目团队的凝聚力和一致性。它使每个团队成员能够看到自己工作的整体意义，提升了工作动力和责任感，并最终确保玩家能够享受到一个连贯、沉浸的游戏体验。游戏世界观不仅推动了项目的顺利完成，还提升了游戏的质量和玩家的满意度。

二、给游戏一个特征和标签

（一）塑造独特的游戏氛围和体验

游戏世界观在塑造独特的游戏氛围和体验方面扮演着至关重要的角色。通过设定游戏的背景、文化、风格和规则，游戏世界观不仅创造出一个引人入胜的虚拟环境，还赋予了游戏独特的情感色彩和体验。这种独特性不仅使游戏在市场上脱颖而出，还会深刻影响玩家的参与度和沉浸感。游戏世界观通过设定游戏的背景，为玩家创造了一个具体的虚拟世界。背景设定包括游戏的历史、地理环境、社会结构等，这些元素共同构建了游戏的世界观基础。例如，在奇幻类游戏中，世界观可能包括魔法、古老的王国和神话生物；而在科幻类游戏中，背景设定可能包括未来的科技、外星文明和先进的机械设备。通过这些背景设定，游戏世界观为玩家提供了一个鲜明的虚拟环境，使他们能够在游戏中体验到独特的世界。

文化元素包括游戏世界中的风俗习惯、社会规范和价值观，而风格则涉及游戏的视觉和音效设计。例如，一款以古代中国为背景的游戏可以融入传统的中国文化元素，如古典建筑、传统服饰和古代音乐，而一款未来主义的游戏则可能采用前卫的科技风格和未来感的音效。这些文化和风格的设定帮助游戏建立了独特的氛围，使玩家能够在视觉和听觉上感受到与众不同的游戏体验。这些规则定义了玩家如何与游戏世界互动，例如角色的能力、游戏的目标和挑战的难度。不同的规则和机制可以创造出不同的游戏体验，例如，一款以生存为主题的游戏可能会设定资源管理和环境挑战的规则，而一款角色扮演游戏可能会侧重于剧情发展和角色成长。

通过这些规则和机制，游戏世界观不仅塑造了游戏的玩法，还影响了玩家在游戏中的策略，从而提升了游戏的整体体验。游戏世界观通过这些设定赋予了游戏独特的情感色彩，使其在市场上具有明显的标签和区分度，从而在竞争激烈的市场中脱颖而出。

（二）定义游戏的主题和风格

游戏世界观在定义游戏的主题和风格方面发挥了核心作用，使游戏在众多作品中独具特色。通过明确的世界设定、故事背景和角色设计，游戏世界观不仅确定了游戏的主题和艺术风格，还成为游戏在市场上进行有效定位和宣传的关键因素。游戏世界观通过设定明确的背景和故事，为游戏定义了主题。例如，一个奇幻冒险类游戏可能通过其世界观设置一个充满魔法、神话生物和古老王国的虚拟环境，其主题可能围绕冒险和探索展开；而一个军事战略游戏则可能设定在未来的战争世界中，其主题可能集中于战术和战争策略。游戏的主题通过世界观的设定得以体现，并在游戏的各个方面得以拓展和延续，从而形成一致的游戏体验。

游戏世界观还通过设定角色设计和艺术风格来定义游戏的视觉风格。例如，一款采用卡通风格的游戏可能会通过夸张的角色设计、明亮的色彩和简化的图形来营造轻松愉快的氛围；而一款现实主义风格的游戏则可能采用详细的角色模型、真实的环境渲染和逼真的光影效果，以呈现更接近现实的视觉效果。这些艺术风格不仅反映了游戏的世界观，还为玩家提供了独特的视觉体验，帮助游戏在市场上与其他作品区分开来。

不同的玩家群体对游戏的主题和风格有不同的偏好。例如，喜欢奇幻冒险的玩家可能会被富有魔法和神秘感的游戏吸引，而偏好现实题材的玩家则可能更喜欢具有真实感的游戏体验。通过清晰的世界观设定，游戏能够明确其目标玩家群体，并根据他们的兴趣和偏好进行市场定位和宣传。明确的主题和风格使游戏能够在众多同类作品中脱颖而出，形成独特的品牌形象。例如，某个游戏可能因其独特的蒸汽朋克风格而受到关注，另一款游戏可能因其独特的末日世界设定而吸引大量玩家。通过这些独有的特征，游戏可以在竞争激烈的市场中鲜明定位，吸引潜在的玩家群体，并在宣传中突出其独特的卖点。

（三）强化游戏的品牌识别和市场定位

一个鲜明的游戏世界观在强化游戏的品牌识别和市场定位方面扮演着关键角色。通过定义独特的背景、角色和元素，游戏世界观不仅有助于建立强有力的品牌形象，还能在竞争激烈的市场中帮助游戏脱颖而出，吸引目标玩家群体。

游戏世界观中的独特元素，如标志性地点、角色、道具等，能够作为视觉和情感的识别点。在营销和宣传中，这些元素常被用作广告、包装和推广活动中的主要视觉符号。在游戏的广告、包装和周边产品中，这些元素的使用使游戏能够在视觉上迅速引起目标玩家的注意，并帮助他们建立对游戏的品牌认知。

通过在游戏中创建深具个性和情感共鸣的世界观，游戏能够与玩家建立情感联系。不同的游戏世界观满足了玩家对特定题材或风格的兴趣。例如，一款以未来科技为背景的科幻游戏可能会吸引那些对未来主义和科技感兴趣的玩家，而一款以古代神话为背景的奇幻游戏则可能吸引那些喜爱魔法和史诗冒险的玩家。

三、框定游戏的内容和边界，奠定游戏叙事的基础

（一）定义游戏内容的范围和方向

游戏世界观在定义游戏内容的范围和方向方面发挥了关键作用。通过设定背景、历史、规则和文化，游戏世界观明确了游戏内容的框架，决定了游戏中的可能性和限制，并对角色行为、任务设计、故事发展和环境构建产生深远影响。这种框定不仅帮助开发者集中精力创建与世界观相一致的内容，还确保了游戏的连贯性和一致性。游戏世界观通过设定背景为游戏内容的范围和方向提供了基础。例如，在一个奇幻世界中，游戏可能包含魔法、神话生物、古代遗迹等元素，这些元素为游戏提供了丰富的创作素材，在这种背景下，游戏中的角色可能会学习和使用各种魔法，探索被遗忘的遗迹，与神话生物互动。又如，在一个未来科幻世界中，游戏内容则可能包括先进科技、外星种族、未来城市等元素，在这种设定下，玩家可能会体验高科技武器，探索外星环境，与外星生物交流。这些设定决定了游戏中的主要元素和可能的内容方向，从而明确了游戏的创作范围。

在一个以魔法为主的奇幻世界中，角色的行为可能包括施展魔法、完成与魔法相关的任务，任务设计也会围绕魔法的使用和魔法世界中的挑战展开。而在未来科幻世界中，角色的行为可能涉及使用先进科技、执行与科技相关的任务，任务设计则可能围绕科技探索和未来社会的挑战展开。这种规则和文化的设定不仅影响角色的功能和任务的设计，还确保了这些元素与世界观的一致性。

世界观设定为游戏的剧情提供了特定情境，使得故事情节能够自然地融入其中。例如，奇幻世界中的故事可能围绕一个古老预言、王国的兴衰或魔

法的秘密展开，而未来科幻世界中的故事可能涉及宇宙战争、科技变革或外星生物入侵。这样的设定帮助开发者构建有深度的剧情，使故事与游戏世界观紧密相连，并增强了玩家的沉浸感。

（二）奠定游戏叙事的基础

游戏世界观为游戏叙事奠定了坚实的基础，通过构建详尽的虚拟世界，开发者能够设计出符合其背景故事的情节、任务和角色。这个世界观不仅为游戏的主线故事和支线任务提供了框架，还影响了游戏的叙事深度和玩家的沉浸感。

游戏中的历史事件、冲突和文化背景都成为叙事的重要组成部分，为玩家创造一个充满活力和真实性的游戏世界。游戏世界观中的历史事件和背景故事为游戏叙事提供了时间线和情境。例如，在一个设定在后末日世界的游戏中，世界观可能描绘了全球灾难后的荒废景象和幸存者的生活，游戏的主线故事可能围绕生存挑战、资源争夺以及幸存者之间的冲突展开，支线任务也可能涉及探索废墟、寻找失落的科技或与其他幸存者互动。这种背景设定不仅使故事情节充满张力，还增加了叙事的现实感，使玩家能够感受到世界的破碎和重建。

又如，一个以古代神话为背景的游戏可能涉及英雄的冒险、神灵的干预以及古老的预言。在这种世界观下，游戏中的历史事件可能包括神话战争、英雄的崛起和神灵的选择。主线故事可能围绕一位英雄的成长和挑战展开，而支线任务可能包括寻找神秘的遗物、完成神灵的试炼或解开古老的谜团。这种设定不仅为游戏叙事提供了丰富的素材，还能够增强故事的奇幻色彩和神秘感，使玩家深入体验到传说中的冒险和奇迹。

不同的文化背景为游戏中的角色和情节提供了多样化的视角和动机。例如，在一个虚构的中世纪王国背景下，游戏可能涉及王室阴谋、骑士荣誉和封建冲突。主线故事可能围绕王位争夺和国家危机展开，而支线任务则可能包括解决地方纷争、参与骑士比赛或揭露秘密阴谋。这种设定使游戏叙事不仅具备历史感，还能够反映特定文化的价值观和社会结构。

游戏中的主要冲突可能源自世界观设定中的内外部矛盾，例如外星生物入侵导致的文明崩溃、魔法与科技的对抗或帝国之间的战争。这些冲突不仅推动了游戏的主线剧情，也为支线任务和角色发展提供了丰富的背景。玩家在完成任务和解锁情节的过程中，能够逐步揭示这些冲突的根源和解决方案，从而增强体验感。游戏中的规则和机制决定了玩家如何与世界互动，例如通过解决谜题、战斗或角色扮演来推动故事的发展。

这些互动方式不仅使玩家能够更深入地参与到游戏的叙事中，还能够增强他们对游戏世界观的理解和投入感。

（三）创建一致的游戏体验

创建一致的游戏体验是游戏世界观的核心作用之一。通过在设计和开发过程中遵循世界观的设定，开发者能够构建一个统一且具有内在逻辑的虚拟世界，这种一致性对玩家的沉浸感和参与感至关重要。游戏世界观提供了一个稳定的框架，确保游戏中的各个元素在同一逻辑体系下运作，从而提升整体游戏体验。游戏世界观中的社会结构、科技水平和文化习俗对游戏中的对话、角色互动和任务设计有直接影响。

在一个设定在中世纪幻想世界的游戏中，社会结构可能包括封建领主、骑士和农民。这种背景将影响角色的对话内容和互动方式，角色之间的交流可能涉及等级制度、骑士荣誉和土地分配等主题。任务设计也将围绕这些社会结构展开，如完成领主的命令、保护村庄或参与骑士比赛。这种内在的一致性使得玩家能够在一个逻辑统一的世界中进行探索和互动，从而更好地理解游戏规则和情节。

在一个未来科幻设定的游戏中，科技水平的设定决定了游戏中可用的工具、武器和环境特征。例如，游戏可能包含高度发达的机器人、虚拟现实设备和外星科技。这些元素不仅影响游戏中的任务和角色能力，还塑造了游戏的视觉风格和玩法机制。科技设定与游戏的其他元素，如任务设计和故事情节，必须保持一致，以确保游戏体验的连贯性。游戏中的文化设定会影响角色的行为和对话，以及游戏中的节日、传统和社会规范。

在一个以古代神话为背景的游戏中，文化习俗可能包括祭祀仪式和神灵崇拜。这些习俗不仅在游戏的任务和故事中扮演重要角色，还会在角色的行为和对话中体现出来。如果玩家的行为和游戏世界中的文化习俗相一致，将更容易理解游戏的背景和故事，从而增强游戏的沉浸感。美术风格和音效应当与游戏的世界观和设定保持一致。例如，在一个奇幻世界的游戏中，游戏的美术风格可能包括丰富的魔法效果和古老的建筑风格，而音效设计则可能包括神秘的背景音乐和魔法的音效。这种风格和音效的一致性使玩家能够更好地沉浸在游戏世界中，增强游戏的整体体验。

第三节　世界观对于游戏设计的指导作用

一、世界观对游戏机制的指导作用

（一）叙事和任务设计

1. 叙事驱动

叙事驱动是游戏世界观的核心特征，它通过定义游戏的背景故事和情节发展，直接影响任务设计和游戏目标。这种叙事驱动的世界观确保了游戏中的任务和事件与世界设定紧密相连，从而增强玩家的沉浸感和代入感。

在叙事驱动的游戏中，世界观不仅是游戏的背景设定，更是故事发展的基础。它为游戏提供了一个框架，使开发者能够设计出与世界观相符合的任务和事件。举例来说，在一个充满魔法和幻想的世界中，世界观可能包括复杂的魔法体系、神话生物和古老的遗迹。这种设定将直接影响游戏的任务设计，例如，玩家可能需要完成涉及魔法炼金术的任务，探索遗迹寻找失落的神器，或与神话生物进行战斗和谈判。任务和事件的设计与世界观的设定相辅相成，使玩家在完成任务的过程中深入了解游戏世界的背景和历史。在一个以未来科技为背景的游戏中，世界观可能包括先进的科技、外星种族和未来城市。这种设定会使游戏中的任务和事件侧重于科技和战斗。例如，玩家可能需要破解高科技系统、与外星种族进行交流或进行未来科技武器的战斗。这种任务设计与世界观中的科技元素相结合，不仅丰富了游戏的内容，还让玩家能够在游戏中体验到未来科技的魅力和挑战。

游戏中的目标通常与世界观中的背景故事和情节发展密切相关。玩家的目标可能是完成一个英雄的冒险任务，寻找失落的神物或拯救被邪恶势力威胁的王国。这些目标不仅推动了游戏的主线故事，还使玩家能够在游戏过程中体验到神话传说中的英雄旅程。通过叙事驱动的世界观，游戏能够创造出一个连贯且富有深度的虚拟世界，使得任务和事件不仅是游戏的核心内容，也是一种推动叙事的手段。玩家在完成任务的过程中，不仅能够参与到游戏的剧情中，还能通过这些任务体验和探索游戏世界的各种元素，增强沉浸感。叙事驱动的世界观通过为游戏设定背景故事和情节发展，为任务设计和游戏目标提供了明确的方向。

2. 任务类型

游戏世界观的设定深刻影响着任务类型的多样性和设计方向。任务类型不仅反映了世界观的核心要素，还直接影响了玩家的游戏体验和目标感。通过调整任务类型，开发者可以使游戏内容与世界观紧密融合，创造出更加丰富和具有沉浸感的游戏世界。

在一个后末日的世界中，世界观设定通常围绕资源匮乏、环境恶化和社会崩溃等主题展开。在这样的设定中，任务类型通常会集中于生存和资源管理。例如，玩家可能需要寻找稀缺的资源，如食物、水源和医疗用品，以维持角色的生存。任务可能包括探索废墟、打击掠夺者、建立避难所或修复基础设施。这些任务不仅符合后末日世界的设定，还增强了玩家对生存挑战的体验，使其感受到在艰难环境下求生的紧迫感和成就感。

在一个历史背景设定的游戏中，世界观可能涵盖特定的历史时期和事件。在这种情况下，任务类型通常会涉及历史事件的再现和人物互动。例如，在古代罗马帝国的背景下，玩家可能需要参与重要的历史战役、解决政治阴谋或与历史人物互动。这些任务不仅帮助玩家了解和体验历史事件，还让他们在虚拟环境中见证历史场景和决策过程。历史背景的任务设计可以通过细致的历史细节和真实的事件还原，增强游戏的教育价值和沉浸感。在这样的世界观下，任务类型可能包括探索神秘遗迹、解决魔法谜题或对抗恶势力。玩家可能需要完成涉及魔法、神话生物和古代遗物的任务，这些任务不仅展示了世界观中的奇幻元素，还推动了游戏的主线剧情和支线故事。[①] 奇幻设定的任务设计往往具有高度的创造性和幻想性，使玩家能够沉浸在一个充满奇迹和冒险的虚拟世界中。

对于设定在未来科技世界中的游戏，任务类型可能侧重于高科技探索、外星种族互动和科技战斗。例如，玩家可能需要破解先进的计算机系统、与外星生物进行交涉或使用未来科技武器进行战斗。

这些任务不仅展现了游戏世界中的科技设定，还为玩家提供了高度互动和技术挑战的体验。通过设计与世界观相符的任务类型，开发者能够确保游戏内容与虚拟世界的背景、规则和情节相一致，从而增强玩家的沉浸感和游戏体验。

（二）角色和能力系统

1. 角色背景

游戏世界观在角色背景的设定中发挥着至关重要的作用，它不仅决定了角色的背景故事，还定义了角色的能力、技能和发展路径。角色背景的设计与世界观的紧密结合，使得游戏的角色更加丰富和有深度，同时也增强了玩家的沉浸感和参与度。

---

① 宋芊祎：《开放性世界类电子游戏对中国传统文化的呈现与传播研究——以〈原神〉为例》，《喜剧世界》（中旬刊），2023 年第 12 期，第 61–63 页。

在一个以中世纪魔法为主题的游戏中，角色的背景和能力往往围绕魔法技能和传统装备展开。例如，玩家可能扮演不同的魔法职业，如法师、巫师或术士，每种职业拥有独特的魔法能力和技能。角色可以通过学习各种魔法法术、炼制药剂或使用神秘的古代遗物来提升自己的能力。角色的种族背景，如精灵、矮人或人类，也会影响其特殊技能和角色定位。这种设定使得角色的能力和发展路径与中世纪魔法世界的特点相符，增强了角色扮演的深度和多样性。

在一个未来科幻背景的游戏中，世界观设定可能包括先进的科技、外星种族和未来城市。角色的背景和能力在这样的世界中往往与科技和未来武器系统紧密相关。例如，玩家可能扮演拥有高科技装备的未来战士、网络黑客或外星生物，每种角色又拥有特定的科技能力和武器系统。角色的技能可能包括激光射击、隐形装置或高端的人工智能辅助系统。此外，角色的背景可能与未来世界中的科技公司、星际联盟或反抗组织有关，这些背景决定了角色的发展方向和成长路径。未来科技背景的设定使得角色的能力和技能设计充满创新和科技感，增强了游戏的未来感和互动性。

在一个设定在古代神话的游戏中，角色可能是英雄、神灵或传说中的生物，每个角色都有其独特的背景故事和能力。例如，玩家可能扮演古希腊的神祇、英雄或神话生物，这些角色的能力和技能反映了他们在神话中的地位和故事。角色的背景和能力不仅影响游戏中的任务和挑战，还决定了角色与其他角色和世界的互动方式。

2. 能力与技能

游戏世界观对角色能力和技能的设计具有深远的影响。世界观设定不仅决定了角色的基本能力，还影响了技能的种类和应用方式，使得游戏的整体体验与背景设定保持一致。

在恐怖主题的游戏中，角色的能力和技能通常围绕生存、隐蔽和心理战展开。例如，隐身技能允许角色在敌人视线之外移动，避免被发现或攻击，增添了游戏的紧张感。恐吓能力则利用恐怖元素来削弱敌人的意志力，带来心理上的冲击。此外，角色可能具备识别异常现象的能力，从而帮助他们发现隐藏的威胁和诡异事件。这种能力设计与游戏的恐怖氛围密切相关，增强了玩家的沉浸感和策略深度。在科幻主题的游戏中，角色的能力和技能则涉及先进的科技和未来武器。比如，激光武器和能量护盾能够提供强大的攻击力和防御力，而飞行技能允许角色在三维空间中自由移动，探索未来科技城市或外星环境。

角色还可能具备控制机械装置、操控虚拟现实或利用增强现实技术的能力。这些技能体现了未来科技的创新，同时保持了游戏世界的合理性和一致性。

奇幻主题的游戏中，角色能力和技能包括魔法、召唤术和炼金术等。例如，角色可以施展各种元素魔法，如火球术和冰冻术，或召唤强大的魔兽协助战斗。炼金术允许角色制造各种魔法药剂和物品。这些能力设计不仅符合奇幻世界的魔法系统，也为玩家提供了丰富的策略和战术选择，使得角色的成长和发展更加多样化。

在以历史为背景的游戏中，角色的能力和技能可能涉及古代战斗技巧、策略和工艺。例如，角色可能熟练使用古代兵器，如弓箭和长剑，或擅长骑马战斗。

角色的社交能力和政治手段，如谈判和策反，也可能成为游戏的一部分。这种能力设计帮助玩家体验历史时期的挑战和战斗策略，同时加深对历史背景的理解。角色可能具备高超的侦察能力、谈判技巧或计算机黑客技能，帮助他们在都市环境中解决问题、完成任务和与社会人物互动。通过这些能力的设计，玩家能够体验现代生活的复杂性，并参与到丰富的都市冒险中。能力系统需要与世界观紧密配合，以确保游戏逻辑的连贯性和玩家体验的一致性。

无论是恐怖、科幻、奇幻、历史还是现代都市主题，能力和技能的设计都应符合世界观的设定，创造出真实且引人入胜的游戏世界。

（三）环境和交互机制

1. 环境设计

游戏世界观对环境设计的影响深远而多样。世界观的设定不仅决定了游戏环境的视觉风格和布局，还影响了玩家的探索体验和互动方式。环境设计是游戏开发中的重要组成部分，它通过塑造虚拟世界的外观和功能，增强了游戏的沉浸感和真实性。

在奇幻世界中，环境设计通常充满了神秘和超自然的元素。例如，游戏可能包括广袤的魔法森林、隐秘的古老遗迹、宏伟的城堡以及充满奇幻生物的地下洞穴。这些环境不仅视觉上富有吸引力，还提供了丰富的探索和互动机会。玩家可以在神秘的森林中寻找隐藏的宝藏，在古老的遗迹中解谜，或者在城堡中与各种奇幻生物互动。环境设计通过构建这些充满魔力的场景，增强了游戏的奇幻氛围和玩家的沉浸感。

在现代都市背景的游戏中，环境设计注重再现现实世界的城市景观，可能包括繁忙的城市街道、现代化的商业区、居民区、地下交通系统等。此类环境设计不仅要真实再现现代城市的外观，还需要考虑如何支持游戏中的任务和互动。例如，玩家可能在街道上进行追逐战，在商业区内寻找线索，或者在居民区中与非玩家角色（NPC）互动。城市环境的设计还需要关注细节，如建筑风格、交通系统和城市布局，以确保游戏的真实性和玩家的沉浸感。

科幻游戏环境设计通常包含未来科技和外星风景。游戏可能设定在先进的未来城市、外星殖民地或神秘的宇宙空间站。此类环境设计要体现未来科技的先进性，如高科技建筑、浮空城市和异星植物。这些科幻环境不仅要视觉上前卫，还要支持游戏的科幻情节和任务。例如，玩家可能在未来城市中进行虚拟现实冒险，在外星殖民地探索未知的生物，或者在宇宙空间站完成复杂的科技任务。

历史背景的游戏环境设计则注重再现特定历史时期的风貌。例如，游戏可能重现古代文明的城市布局、中世纪的城堡和战场，或者二战时期的战区环境。此类环境设计需要考虑历史时期的建筑风格、社会结构和生活方式，以提供真实的历史体验。玩家可以在历史环境中参与重要的历史事件，探索古老的遗址，或者体验历史时期的社会生活。游戏环境可能包括破旧的鬼屋、阴森的森林或幽暗的地下墓穴。这些环境设计通过光影效果、声音设计和细节布局，营造出令人毛骨悚然的氛围。玩家在这些环境中探索时，常常会遇到意想不到的惊吓和危险，增强了游戏的恐怖感和紧张感。

2. 交互机制

游戏的世界观对交互机制的设计具有重要影响。交互机制是指玩家与游戏世界及其元素进行互动的方式，它决定了玩家能够执行哪些操作，以及这些操作如何影响游戏的进程和体验。世界观的设定直接影响交互机制的设计，从而塑造游戏的玩法和玩家的体验。

在开放世界游戏中，世界观通常构建了一个广阔且充满细节的虚拟世界，玩家可以在其中自由探索和互动。例如，在一个奇幻的开放世界中，玩家可能会遇到各种环境元素，如神秘的古代遗迹、隐藏的宝藏和复杂的机关。交互机制允许玩家破解这些机关、收集物品或与环境中的生物互动，从而推动游戏进展。这种设计提供了高度的自由度，使玩家可以按照自己的节奏探索世界，体验丰富的游戏内容，探寻隐藏的秘密。开放世界游戏中的交互机制强调玩家的自主性和探索精神，使游戏体验更加动态和个性化。

在线性剧情驱动的游戏中，交互机制更多地集中于推动剧情发展和解决特定的谜题。世界观在这种游戏中可能较为集中于一个较小的范围，但其设计依然对交互方式有着重要影响。例如，在一个设定在未来都市的线性游戏中，玩家可能会通过破解高科技设备、进行对话选择或解锁特定的区域来推动剧情。交互机制在这种情况下通常是为了服务于游戏的叙事目标，使玩家能够逐步揭示故事情节，并在关键时刻做出影响游戏发展的选择。线性游戏中的交互机制通常是精心设计的，以确保每个互动都能推进故事或揭示重要信息，从而保持游戏的节奏和叙事紧张感。在角色扮演游戏（RPG）中，世界观的设定也对交互机制有着深远的影响。例如，在一个中世纪奇幻的 RPG 中，玩家可能会通过与 NPC 对话、完成任务、使用魔法技能等方式来影响游戏世界。这种游戏中的交互机制不仅允许玩家塑造角色的成长，还能影响游戏世界的变化和发展。玩家的选择和行动会对游戏的故事线和世界状态产生直接影响，从而使每个玩家的游戏体验都可能有所不同。

在生存类游戏中，世界观的设定也会决定交互机制的特性。例如，在一个后末日世界中，玩家的交互机制可能包括资源收集、建造避难所、制作工具和武器等。这些机制与游戏世界观中的生存挑战密切相关，使玩家能够在艰难的环境中维持生命并应对各种威胁。交互机制在这种游戏中强调生存和适应，使玩家的每个决定都对游戏进程和结果产生重要影响。

二、世界观对游戏美术风格的指导作用

（一）色彩与氛围

世界观对游戏的色彩运用有着直接的指导作用。不同的色彩选择能够传递出不同的情感基调和视觉体验，并对玩家的心理和情感产生强烈的影响。

例如，奇幻世界通常使用明亮、鲜艳的颜色。这些颜色不仅能营造出梦幻和神秘的氛围，还能增强玩家的探索欲望和好奇心。茂密的魔法森林可能会呈现出绿色的荧光，神秘的湖泊闪烁着蓝色的光芒，城堡的宝石则散发出

红色的光辉。这些颜色的使用能使玩家感受到一个充满奇迹和魔法的世界，从而更深入地沉浸其中。而在末日废土风格的游戏中，色调趋向于暗淡，以反映出荒凉和压抑的感觉。废弃的城市可能布满灰尘和碎片，天空呈现阴沉的灰色，整个环境笼罩在一种黯淡无光的氛围中。这种色彩的运用不仅强化了世界的破败和无望，还能激发玩家的紧迫感和生存欲望，使他们更认真地对待每一个任务和挑战。在历史背景游戏中，色彩可能会更加自然和温暖，以反映出过去的时代氛围。例如，一个设定在中世纪的游戏可能使用柔和的棕色和绿色，代表乡村和森林的自然美景，而城市部分则会采用石灰色和铁锈色，反映出那个时代的建筑风格和生活环境。

世界观决定了游戏中的光影效果和整体氛围，通过不同的光影设计来传达特定的情感和紧张感。在恐怖游戏中，通常会使用低光照和浓重的阴影效果。这些元素能制造出紧张和恐怖的氛围，使玩家时刻保持警惕和紧张。狭窄的走廊可能只被微弱的灯光照亮，角落里隐藏着未知的危险，突然的光影变化则可能预示着即将到来的威胁。这种光影效果不仅增强了恐怖元素，还能使玩家在心理上更加投入，从而提升游戏的恐怖体验。而在科幻游戏中，光影效果更加明亮和对比强烈，营造出未来感和科技感。未来城市的夜景可能会布满霓虹灯光，闪烁的激光和高对比度的阴影交织在一起，呈现出一个充满活力和现代感的世界。这样的光影效果不仅提升了视觉冲击力，还能使玩家感受到游戏世界的先进科技和繁华景象。通过精心设计的色彩和氛围，游戏世界观能够有效营造特定情境，传达出特定的情感，使玩家更加深入地融入游戏之中。

（二）角色和生物设计

角色造型和服装以及生物和怪物设计是游戏世界观的重要组成部分，会直接影响玩家的沉浸感和代入感。世界观对角色的造型和服装设计有直接的影响。例如，在一个蒸汽朋克的世界中，角色可能会穿着带有机械齿轮和金属装饰的服装，戴着护目镜，使用蒸汽驱动的武器。这种设计不仅传递出工业革命时期的机械美学，还体现了世界观中的科技与复古风格的融合。

角色的造型往往复杂且富有层次感，金属和皮革的质感增强了角色的现实感和可信度。而在一个仙侠背景的游戏中，角色可能会穿着飘逸的长袍和古典的装饰，使用仙剑和法器，体现出古代东方的神秘和优雅。服装的设计注重流动性和轻盈感，颜色多为淡雅的白色、浅蓝色或粉色，配合绣有精美花纹的织物，营造出仙境般的唯美意境。角色的发型和饰品也会与整体造型相协调，增强角色的独特性和辨识度。在一个科幻背景的游戏中，角色的服装可能会具有未来感和高科技元素，使用光滑的金属材质和 LED 灯光效果，搭配功能性强的装备和武器。角色的造型往往简洁而流畅，颜色偏向冷色调，如银色、蓝色和黑色，体现出未来科技的冷峻和高效。角色的造型设计需要符合世界观中的科技水平和文化背景，增强玩家对角色的认同感和代入感。

世界观还影响游戏中生物和怪物的设计。例如，一个魔幻世界可能包含各种神奇的生物和巨龙，具有独特的魔法能力和神秘的背景故事。这些生物的设计需要展现出超自然的特质，如闪烁的鳞片、发光的眼睛和强大的魔法技能。生物的外形设计需要与世界观中的魔法系统和生态环境相匹配，增强它们的神秘感和威慑力。在一个恐怖游戏中，怪物的设计可能会更加注重恐怖和惊悚感，包含各种可怕的怪物和异形，具有令人毛骨悚然的外观和攻击方式。这些怪物的设计需要引发玩家的恐惧和紧张感，如畸形的身体、锋利的爪子和诡异的动作。

怪物的外形设计需要与世界观中的恐怖元素和氛围相协调，增强它们的视觉冲击力和心理威慑力。在一个科幻世界中，生物和怪物的设计可能会体现出高科技和外星生命的特点，包含各种先进的机器人和外星生物，具有超凡的科技能力和异乎寻常的外观。这些生物的设计需要展现出未来科技和外星文明的独特性，如机械化的身体、发光的触角和高智能的行为模式。生物的外形设计需要与世界观中的科技水平和外星环境相符，增强它们的科幻感和新奇感。

三、世界观对游戏音乐的指导作用

（一）音乐风格和氛围

世界观对游戏音乐的选择和应用有着深远的影响，从整体风格到具体场景的氛围营造，每一个细节都能够强化玩家的沉浸感和情感体验。

世界观决定了游戏音乐的整体风格。例如，大量的管弦乐器、合唱和史诗般的旋律，可以营造出神秘、宏大和史诗般的感觉。这类音乐通常充满壮丽的旋律和丰富的和声，能够让玩家感受到宏伟的史诗感和神秘的魔法气息，仿佛置身于一个充满冒险和奇迹的幻想世界中。管弦乐的庄严和合唱的宏大能够唤起玩家内心的激情和探索欲望，让每一次冒险都充满了情感的共鸣和震撼的体验。而在一个科幻背景的游戏中，可能会使用合成器、电子音效和未来感强烈的音乐旋律，以传达高科技和未知的氛围。这种音乐风格通常采用尖锐的音效、复杂的节奏和奇异的音色，能够让玩家感受到未来世界的神秘和科技的超凡。合成器的冷冽音效和电子音色的奇幻感能够营造出一种超现实的未来环境，让玩家仿佛穿越到一个充满未知和无限可能的未来世界。

世界观会营造特定的氛围和情感。例如，低沉的音调、不和谐的音符和紧张的音乐节奏可以制造恐怖和紧张感。这样的音乐设计能够引发玩家的紧张和恐惧心理，使他们时刻保持警觉。低沉的音调和不和谐的音符能够制造出一种压抑和不安的氛围，让玩家在游戏中感受到无处不在的危险和未知的恐惧。紧张的节奏和突然的音效变化则能够制造出惊吓和惊悚的效果，让玩家在游戏中时刻保持高度的紧张感和警觉性。

而在一个休闲放松的游戏中，音乐可能会使用轻快的旋律、温暖的和声和舒缓的节奏来创造轻松愉快的氛围。这种音乐能够让玩家感到放松和愉悦，享受游戏带来的轻松体验。轻快的旋律和温暖的和声能够制造出一种愉快和放松的氛围，让玩家在游戏中感受到舒适和愉悦。舒缓的节奏和柔和的音色则能够营造出一种宁静和祥和的感觉，让玩家在游戏中找到内心的平静和放松。

通过选择与世界观相匹配的音乐风格，游戏能够更加自然地传达其主题和情感。例如，一个以古代东方为背景的游戏可能会使用东方传统乐器和古典旋律，营造出典雅和神秘的东方氛围。古筝、二胡等传统乐器的使用能够唤起玩家对古代东方文化的共鸣，让他们在游戏中感受到古典和优雅的东方美感。而一个以现代都市为背景的游戏则可能采用流行音乐和节奏感强烈的曲调，体现出城市的活力与繁华。

流行音乐的流行元素和节奏感强烈的曲调能够唤起玩家对现代都市生活的共鸣，让他们在游戏中感受到城市的喧嚣和繁华。通过精心设计和选择适合的音乐，开发者能够有效地增强游戏的氛围和情感体验，使玩家更深刻地感受到游戏世界的魅力和乐趣。无论是通过壮丽的管弦乐营造出宏大的史诗感，还是通过冷冽的合成器音效制造出未来的神秘感，音乐都在世界观的引导下，为游戏创造出独特的情感共鸣和沉浸体验。

（二）音乐与游戏事件的互动

在一个战斗场景中，音乐可能会变得更加激烈和紧张；而在一个探索场景中，音乐可能会变得更加柔和和神秘。这种音乐与游戏事件的互动，能够让玩家更深刻地感受到世界观的变化和发展。通过与世界观相匹配的音乐变化，游戏能够更好地引导玩家的情感体验，让他们在不同的游戏场景中都有所感触和共鸣。不同角色的主题音乐不仅反映了他们在世界观中的定位，还能在玩家与角色互动时提供更丰富的情感体验。通过与角色设计和故事情节相结合，音乐能够更好地体现世界观的深度和复杂性。例如，一个古代东方背景的游戏可能会为其主角设计一段古筝和二胡演奏的主题音乐，营造出一种典雅和神秘的东方气息。而一个未来科幻背景的游戏则可能为其反派角色设计一段充满电子音效和尖锐旋律的主题音乐，体现出未来科技的冷酷和威胁感。通过场景转换和事件触发中的音乐变化，以及角色主题音乐的设计，游戏能够更加生动地呈现其世界观的深度和复杂性，让玩家在游戏中体验到更加丰富和多样的情感。

第四节　帮助玩家体验游戏

一、增强玩家的沉浸感

（一）细致入微的环境设计

通过精细的视觉设计和一致的美术风格，游戏世界能够显得更加真实和连贯，增强玩家的沉浸感。每一个视觉细节都需要与游戏的世界观和背景故事相符合，从建筑风格到自然景观，从道具设计到角色服装，这些细节都必须经过精心设计，以确保游戏世界的一致性。

例如，在一个魔法幻想世界中，建筑可能会具有华丽的装饰和奇异的结构，而自然景观则可能充满奇幻的植物和神秘的光影效果。这种视觉上的细致入微使得玩家感觉他们确实身处一个完整且自洽的世界中，从而极大增强沉浸感。环境音效和背景音乐应根据玩家的行为和游戏进程进行相应的调整。当玩家进入一个森林区域时，可以听到鸟鸣声、水流声以及风吹树叶的声音，这些自然声音不仅增强了环境的真实感，还能帮助玩家更好地融入游戏世界。而当玩家进入一个阴森的地下城时，音效可能会变得更加阴沉、回响和不安，这种声音的变化不仅增强了环境的氛围，也让玩家的体验更加身临其境。通过声音与环境的互动，玩家不仅在视觉上感受到环境的变化，还能通过听觉获得更深层次的沉浸体验，从而增强游戏世界的真实感和玩家的投入感。

（二）强烈的叙事和角色代入感

深度故事和多层次剧情是游戏设计中不可或缺的要素，通过构建一个丰富且引人入胜的故事，玩家可以更容易代入角色，体验他们的情感和动机。游戏中的故事情节应该具有深度和多样性，不仅包括主线剧情，还要包含丰富的支线任务。每个任务都应与整体故事紧密关联，提供额外的背景信息和角色发展。例如，主线任务可以围绕一个主要目标展开，而支线任务则可以揭示角色的个人故事、历史背景或游戏世界的细节。这种多层次的叙事设计使得玩家不仅关注主线剧情，还能深入了解世界观和角色，从而更加投入于游戏世界，关心角色的命运和故事的发展。允许玩家在角色的外貌、技能和装备等方面进行自定义，使他们能够创造出符合自己想象的角色形象。角色个性化不仅包括外观的变化，还可以涉及角色的能力、职业选择和发展方向。① 通过设计角色成长系统，让玩家能够看到他们的角色在游戏中的成长和变化，例如通过完成任务、击败敌人或参与挑战来提升技能、获得新的装备或经历重大事件。这种个性化和成长体验使得玩家能够感受到他们对角色和故事的发展有实际影响，从而增强代入感和沉浸感。通过角色的成长和个性化，玩家不仅能够塑造一个独特的角色，还能体验到角色在游戏世界中的发展与变化，从而更加投入游戏的叙事和探索。

二、引导玩家理解游戏规则

（一）逐步引导和渐进教程

将游戏规则和操作通过分步教程进行教学是一种有效的方式。将游戏机制拆解成小而易于理解的步骤，逐步引导玩家学习，而不是一次性展示所有规则。例如，在游戏初期，通过简短的任务或场景介绍基本的移动和互动功能，然后逐步引入更多的机制，如战斗系统、任务目标或物品管理。这种逐

① 徐杰、李栋宁：《解谜冒险类电子游戏中的谜题设计方法研究》，《艺术科技》，2021 年第 13 期，第 246–248 页。

步引导的方式允许玩家在自然的游戏进程中掌握规则，避免因信息过载而感到困惑。在游戏中创建一个专门的教学区域，让玩家通过实际操作来学习规则和机制。例如，玩家可以在一个模拟环境中练习使用特定的技能，或完成引导任务来掌握游戏中的互动方式。这种互动式的学习方式，通过实践而非仅仅依赖文字说明或视频教程，使玩家能够直观地理解规则和机制，从而提升学习效果和游戏体验。

（二）清晰的视觉提示和反馈机制

界面提示和即时反馈是增强游戏规则理解和操作流畅性的有效手段。界面提示通过使用清晰的视觉元素（如高亮、箭头、图标等）来引导玩家进行操作。例如，重要的操作按钮可以通过突出显示来吸引玩家的注意，关键区域可以通过高亮标记来帮助玩家找到目标，玩家需要注意的游戏元素可以通过视觉效果进行提示。这种方法可以帮助玩家迅速理解当前需要做什么以及如何进行，从而减少困惑和提高游戏体验。在玩家完成某个操作后，游戏可以给予音效、视觉效果或文字提示，告知他们操作的结果和是否达到了预期效果。例如，当玩家成功执行一项任务时，游戏可以播放鼓励的音效、显示成功的动画或提供积极的文字反馈。这种即时反馈机制帮助玩家了解规则的实际应用情况，并根据反馈调整自己的操作，进一步加深对规则的理解，提高游戏操作的准确性和流畅性。

三、提升游戏的趣味性和可玩性

（一）多样化的游戏模式和任务

多样化的游戏模式和任务，以及动态内容和定期更新是提升游戏体验的关键策略。通过提供不同的游戏模式和任务类型，例如主线任务、支线任务、挑战模式和合作模式，游戏可以满足各类玩家的兴趣和偏好。这种多样化的设置不仅丰富了游戏的内容，还能够使玩家保有长期参与的兴趣。每种模式和任务都应该有其独特的目标和奖励，使玩家能够体验到不同的游戏玩法和成就感。定期推出新关卡、新角色、新装备或新事件，可以保持游戏的新鲜感和挑战性，鼓励玩家持续回归游戏。此外，与玩家社区进行互动，收集反馈并根据需求调整和优化游戏内容，不仅能增加玩家的满意度，还能促进社区的活跃和玩家的参与。游戏能够不断适应玩家的期望和市场的变化，从而保持其长期的吸引力和竞争力。

（二）玩家互动和社交机制

多人合作和对抗模式，以及玩家生成内容和社区互动，都是提升游戏体验和吸引力的重要策略。设计多人合作或对抗的游戏模式，可以显著增加游戏的社交互动和趣味性。在合作模式中，玩家可以与朋友或其他玩家一起完成团队任务，增强协作与交流的乐趣。这种模式鼓励玩家共同解决问题、制定策略，提升团队协作能力，同时增加游戏的挑战性和趣味性。对抗模式则提供了竞技场或战斗场景，让玩家之间进行直接的竞争和对抗，增加了游戏的紧张感和刺激感。这种竞争不仅能提高玩家的游戏投入度，还能激发他们的竞争精神和成就感。提供玩家生成内容的工具或机制，能够极大地丰富游戏的内容和提升玩家的参与感。例如，关卡编辑器允许玩家创造和分享自己的关卡，角色定制选项让玩家设计独特的角色，玩家创作的任务提供了更多样的挑战。这些玩家生成的内容不仅能为游戏带来新鲜的玩法和创意，还能够促进玩家之间的互动，增强社区建设。通过这种机制，玩家不仅能够享受游戏本身，还能在游戏中找到表达自我的方式，这有助于提高他们对游戏的归属感和忠诚度。社区互动的加强，通过玩家生成内容和分享机制，可以激发社区的活跃度，使游戏保持持续的吸引力和创新。这种互动方式不仅丰富了游戏内容，也促进了玩家之间的交流和合作，使游戏成为一个更加动态和充满活力的社交平台。

第二章

如何设计世界观的基础元素

第一节　世界观设计元素

一、现实元素

（一）历史和文化背景的融合

将历史事件、文化元素以及现实中的地理元素融入游戏设计，可以显著增强游戏世界观的深度和真实性，为玩家提供更加丰富的游戏体验。

例如，借鉴现实中的历史事件和文化习俗为游戏世界观提供丰富的背景和内涵，使虚构的游戏世界显得更加真实和可信。一个以古代文明为背景的游戏，可以融入古埃及、古罗马或古中国的建筑风格、服饰和社会结构，通过重现这些历史元素，游戏不仅展示了这些文明的独特风貌，还能为玩家提供一种熟悉感，使游戏世界显得更具历史深度和真实性。

游戏中的文化元素，如传统节日、习俗和社会结构，也能增强游戏世界观的层次感。例如，在一个基于中世纪欧洲的游戏中，融入骑士制度、封建领地和古老的礼仪，可以为游戏增添独特的氛围和历史感。玩家在游戏中不仅能体验这些文化习俗的魅力，还能通过游戏任务和故事情节了解这些文化的深层次含义，从而提升游戏的沉浸感和教育价值。

通过模拟现实中的自然景观，如山脉、河流、湖泊和城市布局，游戏设计师能够创建出既具有独特性又具有现实感的虚拟环境。例如，游戏中设置类似于喜马拉雅山脉的巨大山脉，或是模仿亚马孙热带雨林，这些现实地理元素将使游戏世界显得更加立体和逼真。借鉴现实城市的布局和建筑风格，也能让游戏中的城市环境更加真实和引人入胜。[①] 例如，设计一个现代都市背景的游戏时，可以参考纽约、东京或伦敦的街道布局和建筑风格，创建一个既熟悉又充满细节的城市环境。

通过这些真实的地理和城市元素，玩家在探索虚拟世界时能够感受到一种真实的空间感和地理感，这种沉浸感能够大幅提升游戏的吸引力和可玩性。通过将历史事件、文化元素和现实地理特征融入游戏设计，开发者不仅能为游戏世界观增添丰富的背景和细节，还能提升游戏的真实性和沉浸感，使游戏不仅仅是一个虚构的世界，更是一个充满历史、文化和现实感的体验空间，为玩家提供更加深刻和难忘的游戏体验。

（二）社会结构和经济体系

借鉴现实中的社会组织、经济系统以及法律和规则，可以为游戏世界观和玩法设计提供深度和复杂性。通过将这些现实元素融入游戏中，可以构建更加真实、互动和引人入胜的游戏世界。

设定社会等级和权力结构能丰富游戏的社会互动，例如通过建立一个复杂的社会等级制度和政治体系，使玩家在游戏中体验到类似于现实世界的社会动态。这种设计不仅能增强游戏的策略性，还能提供丰富的角色扮演和互动体验。玩家可能需要通过完成任务、建立联盟或进行政治斗争来影响游戏中的经济和社会环境，从而使游戏世界显得更加生动和真实。

通过模拟现实中的法律体系和社会规章制度，游戏中的冲突和挑战可以

---

① 熊琨、郗彩莲：《数字雕刻在“次世代”游戏场景设计中的应用》，《电脑知识与技术》，2022 年第 18 期，第 102–104 页。

显得更具逻辑性和真实感。例如，设计一个基于现实法律系统的游戏时，可以引入法律程序、法庭审判和社会规范，玩家在游戏中可能需要遵循特定的法律规则，或在面对法律挑战时进行策略决策。这种设计可以帮助玩家更好地理解游戏的规则，并增强他们对游戏世界的融入感和参与感。

玩家在游戏中可能会面临类似于现实中的法律问题，例如合同纠纷、产权争议或社会行为规范，从而使游戏体验更贴近现实生活。通过将社会组织、经济系统和法律规则融入游戏设计，开发者能够创建出一个具有复杂性和深度的游戏世界。这不仅能增强游戏的策略性和互动性，还能提升玩家的沉浸感，让玩家在虚拟世界中体验到类似于现实世界的社会和经济活动，使游戏不仅仅是一个娱乐的空间，更是一个充满真实感和挑战的虚拟环境。

（三）科学技术和日常生活

将现实中的技术和发明融入游戏世界观，可以极大增强游戏的现代感和未来感。通过参考现实世界中的科技进步，游戏设计师能够创造出具有真实性和前瞻性的虚拟世界。例如，游戏中的设备、武器和交通工具可以基于现实中的科技发展进行设计，使其在功能和外观上更具可信度。这样的设计不仅让玩家感受到一种科技上的现实感，还能提升游戏的沉浸感。在一个未来科幻游戏中，采用基于现实中的先进科技如人工智能和量子计算的设备，可以为游戏中的任务和互动提供丰富的背景和逻辑支撑。

在游戏设定中融入现实中的发明，如智能手机或虚拟现实技术，可以让玩家体验到与现实相似的科技进步，从而加深对游戏世界的理解和代入感。这种设计能够让游戏中的角色行为和社交机制显得更加自然和可信。例如，通过融入现实中的饮食习惯、休闲活动和社会交往方式，开发者可以为角色创造出富有层次的生活方式和个性特征。

角色的日常行为，如用餐、休闲娱乐或社交活动，能够反映现实中的社会习惯，从而使游戏世界更具生活气息和真实感。这种设计不仅帮助玩家更容易地理解角色的行为动机，还能增强他们与游戏世界的情感联系。例如，在游戏中设定角色参与类似于现实中的节日庆典或社交聚会，玩家能够感受到游戏世界与现实生活之间的联系，使得游戏体验更加贴近玩家的日常生活。通过将技术发明和日常生活习惯融入游戏设计，开发者能够创建出一个更加真实且具有吸引力的虚拟世界。这不仅能提升游戏的沉浸感和代入感，还能使玩家在体验游戏的同时，感受到与现实世界的紧密联系。

二、虚构元素

（一）奇幻与科幻设定

奇幻元素，即引入虚构的魔法、奇幻生物和神秘力量，能够为游戏设计一个充满魔法与超自然现象的世界。例如，设计独特的魔法系统和神秘的生物种类，创作古老的预言和传说，这些奇幻元素不仅打破了现实世界的限制，还能为玩家提供全新的体验。一个精心设计的魔法系统可以包含各种法术和魔法技能，赋予角色不同的能力，使游戏中的战斗和解谜变得更加丰富多彩。奇幻生物，如巨龙、精灵或恶魔等，能够为游戏世界增添神秘与冒险的色彩，同时也为玩家提供了丰富的挑战和互动机会。

构建一个充满魔法遗迹和神秘场景的世界，可以增加视觉和情感上的吸引力，激发玩家的探索欲望和好奇心。奇幻设定不仅丰富了游戏的故事背景，还能提供多样的任务和剧情发展，带给玩家全新的、令人兴奋的游戏体验。

科幻设定，借鉴未来科技、外星生物和宇宙探索的虚构设定，能够为游戏构建一个充满未来感和创新的世界。例如，设计高科技设备、智能机器人、外星文明和星际旅行，这些科幻元素可以极大地激发玩家的想象力，并带来独特的科技体验和挑战。在游戏中引入先进的科技设备，如激光武器、虚拟现实装置或反重力设备，可以创造出新颖的玩法和机制，使游戏体验更具未来感。外星生物的设计可以展现出异星文化和生态系统，为游戏提供独特的生物互动和战斗挑战。而宇宙探索的设定能够让玩家体验到星际旅行的壮丽景象和未知星球的奇妙冒险。科幻设定不仅为游戏中的任务和环境提供了丰富的创意素材，还能通过创新的科技设定和未来场景，提升玩家的沉浸感和探索乐趣。

（二）虚构的文化、信仰和社会结构

虚构文化，创造虚构的语言、习俗可以为游戏世界增添独特的文化背景，使其更加立体和真实。例如，设计一种虚构的语言系统不仅可以用于角色对话和书写，还可以在游戏中设置谜题或任务，使玩家能够通过语言学习和解谜来推动剧情发展。此外，虚构的文化习俗和节日可以为游戏世界提供丰富的背景故事和社会活动，增加角色互动的层次感。例如，可以设计一种独特的仪式或节日庆典，使游戏中的世界显得更加生动和充满活力。

虚构信仰，则能够为游戏设定提供神秘的力量和背景，影响角色的行为和故事的发展。这种深入的文化设计能够极大地增强玩家的沉浸感，使他们在探索游戏世界时感受到独特的文化氛围和真实的角色互动。

虚构社会结构，建立复杂的虚构社会结构和政治体系，如虚构的帝国、王国、联盟，可以为游戏世界增添深度和复杂性。这些虚构的社会结构能够影响游戏中的角色关系、任务目标和世界事件。例如，一个由多个王国组成的联盟可以设置权力斗争和外交关系，影响角色的任务和剧情走向。而一个虚构的帝国可能具有层级分明的官僚体系和军事组织，影响游戏中的政治事件和角色发展。通过设计虚构的社会层级和权力斗争，玩家可以体验到丰富的角色互动和剧情发展，例如，通过参与宫廷阴谋、进行外交谈判或争夺权力来推进游戏进程。这种复杂的社会结构可以为玩家提供多样化的策略选择

和游戏体验，使他们能够在虚构的世界中深入探索和体验不同的社会动态。

三、现实与虚构元素的平衡

（一）合理融合现实和虚构元素

在设计虚构元素时，以现实世界的逻辑和规律为基础进行合理的拓展，是确保游戏世界内在一致性和可信度的关键。例如，如果游戏世界中存在魔法或超自然现象，制定明确的规则和限制是至关重要的。这些规则应与现实世界的物理和社会逻辑相一致，例如，设定魔法的能量来源、使用限制以及其对环境的影响等，以确保这些虚构元素不会破坏游戏的内部逻辑。通过规则和限制，玩家可以更容易理解和接受这些虚构元素，因为它们在现实基础上进行的拓展使得游戏世界的规则更加合理和可信。这样，虚构的世界不仅充满创造性和想象力，还能够保持与现实世界的连接，增强玩家的沉浸感和游戏体验。

将现实中的文化和历史元素融入虚构的背景设定，可以为游戏世界带来深度和真实感。例如，通过借鉴现实世界中的建筑风格、社会结构或历史事件，并在此基础上进行创造性修改，可以使虚构世界显得更加丰富和可信。比如，在游戏中设计的城市可能参考了现实中的古老建筑风格，或者游戏中的社会制度可能受到历史上某项文明的启发。游戏世界能够结合现实中熟悉的元素与虚构的创新设定，使得玩家在体验新奇的虚构内容的同时也能感受到一种文化上的亲切感和真实感。这种融合不仅提升了游戏的沉浸感，还为玩家提供更为多层次和丰富的游戏体验，让他们在探索虚构世界的同时也能感受到与现实世界的紧密联系。

（二）保持一致性与逻辑性

在构建游戏世界时，虚构元素的内在逻辑和现实与虚构的平衡是确保游戏世界可信且引人入胜的关键因素。虚构元素的内在逻辑意味着即使在一个充满奇幻或未来科技的游戏世界中，这些虚构元素也需遵循一定的规则和逻辑。例如，如果游戏中存在一种魔法系统，那么这套魔法系统需要有明确的设定，包括魔法的来源、施放条件、能量消耗、施法过程以及可能的效果和副作用。这样的设定不仅帮助游戏保持一致性，还能增强玩家对游戏世界的理解和接受程度。如果魔法在不同场景中表现出不一致的效果，或者其规则不断变化，可能会导致玩家感到困惑，从而降低他们的沉浸感和游戏体验。

虚构科技的设计也应遵循内在逻辑。例如，在一个设定为未来世界的游戏中，尽管科技设备可能完全是虚构的，但其功能和操作原理应当有一定的现实基础。设计师可以参考现实世界中的科技原理，结合创新的虚构概念，创建出既符合现实科学逻辑又具有独特创意的设备。这样，即使是完全虚构的技术，玩家也能理解其工作原理和功能，从而使游戏世界显得更加真实和可信。通过将现实世界的元素融入虚构的设定，游戏能够保持一定的真实性和连贯性。例如，游戏中的社会结构、建筑风格或历史背景可以借鉴现实世界的元素，但可以在此基础上进行创造性修改。这样，游戏世界既保留了熟悉的现实感，又融合了独特的虚构设定，从而为玩家提供新颖的体验。这种平衡使得游戏世界中的虚构元素不显得突兀，同时增强了玩家的代入感。

在一个未来科技背景的游戏中，虽然游戏设定了一些虚构的科技设备，如反重力装置或高能武器，这些设备的设计可以参考现实中的科技进展和科学原理。这样，玩家在使用这些虚构科技时，可以感受到其可能的现实基础，同时体验到技术创新带来的新奇和刺激。通过这样的设计，游戏能够提供既充满创意又具有一定现实依据的体验，从而使玩家能够更自然地接受并享受游戏中的虚构世界。

虚构元素的内在逻辑和现实与虚构的平衡不仅提升了游戏世界的可信度，也使游戏体验更加丰富和吸引人。通过精心设计虚构元素的规则和逻辑，并巧妙地将现实基础融入其中，游戏世界能够在创造出令人兴奋的虚构设定的同时，保持其内在的一致性和连贯性，从而为玩家提供更具沉浸感和趣味性的体验。

第二节　游戏世界观的设计要素

一、游戏世界大小要素的设定

（一）世界规模与游戏目标的匹配

1. 游戏目标与玩法设计

在设计游戏世界时，世界的大小应与游戏的主要目标和玩法紧密相关，以确保游戏体验的深度和丰富性。开放世界游戏通常需要一个较大的游戏世界，这种设计允许玩家有更多的自由度去探索、发现和互动。在这种类型的游戏中，广阔的世界可以容纳多样化的环境、任务和活动，使玩家能够在游戏中进行深入的探险。大规模的开放世界不仅能提升玩家的沉浸感，还能通过丰富的内容和复杂的互动机制，增加游戏的长期可玩性。例如，玩家可以在开放世界中发现隐藏的秘密、完成各种支线任务，并与不同的 NPC 互动，这种自由探索的玩法可以极大增强游戏的吸引力和娱乐性。[①]

对于以关卡为主的游戏，较小的游戏世界可以使关卡设计更加集中和精致。在这种设计中，每个关卡通常具有独特的目标、挑战和故事情节。较小

① 谢宏兰：《基于 Unity3D 射击游戏的设计与实现》，《现代信息科技》，2019 年第 3 期，第 89–91 页。

的世界可以让设计师专注于关卡的深度和细节，确保每个关卡都有其独特的玩法体验。例如，在一个平台跳跃游戏中，较小的关卡可以包含精心设计的障碍、谜题和敌人，使玩家能够体验到高水平的挑战和精确控制感。这样的设计可以保证每个关卡都具有足够的挑战性和吸引力，从而提升游戏的整体体验。对于需要复杂策略和广泛探索的游戏，较大的世界可以支持多样化的玩法和长期的游戏目标，而较小的世界则适合快速、集中且精致的游戏体验。通过这种匹配，游戏可以更好地满足玩家的期望，同时保持玩法的一致性和游戏体验的质量。

2. 任务和活动的分布

在游戏世界设计中，任务和活动的分布是影响玩家体验的重要因素。世界的大小直接影响任务和活动的安排方式，以确保游戏体验既丰富又不至于让玩家感到单调。由于世界的广阔性，必须在各个区域设置足够的任务和活动来填充空旷的区域，以防止玩家在探索过程中感到孤立和无聊。设计师应当在大世界中布置不同类型的任务，包括主线任务、支线任务、随机事件和挑战活动等。这样可以确保玩家在广袤的世界中始终有值得探索和参与的内容。为了避免任务和活动的重复和拖沓，设计师应合理规划任务的类型和分布位置，同时利用游戏中的动态元素，如事件触发和环境变化，使任务体验更具变化性和趣味性。

若世界的规模较小，设计师可以将任务和活动集中在有限的空间内，确保每个区域都充满活力和挑战。任务的安排应避免过度重复，可以通过设计紧凑且富有节奏感的关卡和活动，提升游戏的紧张感和趣味性。例如，在一个线性关卡的游戏中，任务可以在每个关卡内设置多个目标，玩家可以在较小的空间内体验丰富的挑战和互动。这种设计可以让玩家感受到连贯而紧凑的游戏节奏，提高游戏的整体吸引力。

通过合理分布任务和活动，无论是大世界还是小世界的游戏，都能为玩家提供充实且富有吸引力的体验。设计师需要在世界大小与任务设计之间找到平衡点，以确保游戏内容的丰富性和玩家的沉浸感。

（二）技术限制与玩家体验

1. 性能和技术限制

在设计游戏世界的大小时，必须考虑各种技术限制，包括图形渲染、加载速度和存储容量。这些技术限制直接影响游戏的性能和玩家的整体体验。图形渲染是一个关键因素，随着世界的扩大，渲染更多的地形、物体和细节会对硬件提出更高的要求。为了应对这一挑战，开发者可以利用多种优化技术，例如分区加载和流式处理。分区加载技术将游戏世界划分为多个小区域，根据玩家的位置和视角动态加载和卸载这些区域，从而减少一次性加载的压力。流式处理则允许游戏在后台加载资源，而不影响玩家的实时体验，这样即使在大规模世界中，玩家也能获得平滑的游戏体验。

较大的游戏世界需要更多的存储空间来保存地图数据、纹理、模型和其他资源。开发者可以通过优化资源管理来缩减存储需求，例如压缩纹理、减少冗余数据和使用程序生成的内容。此外，利用数据流和云存储技术，也可以将一些资源放在服务器端，仅在需要时从网络上下载，从而减轻本地存储的负担。游戏可能需要在各种硬件配置上运行，从高性能的游戏主机到较为普通的移动设备。开发者必须根据不同平台的性能限制进行优化，以确保游戏在各种设备上都能流畅运行。这可能包括调整图形质量、降低分辨率、优化帧率和改进加载时间等策略。

2. 玩家的探索和沉浸感

一个合理的世界规模不仅要提供足够的空间以激发玩家的探索欲望，还要避免让玩家感到疲惫或迷失方向。一个过大的世界可能让玩家在探索时感到迷失或疲惫，尤其是在没有明确目标或足够的指引时。为了避免这种情况，可以通过分区设计将世界划分为多个区域，每个区域有其特点和挑战。这种设计使得玩家可以逐步探索世界，而不是一开始就为巨大的地图所压倒。同时，适当的世界规模也能避免资源浪费，确保每个区域都具有足够的细节和内容，让玩家在探索时感到充实和有趣。

通过精心设计的导航系统和地图功能，可以帮助玩家更容易地找到目标和重要地点。例如，设置清晰的标记、路径指引或动态任务目标，能够减少玩家的迷失感，使他们能够更顺畅地进行探索。引导机制可以包括视觉提示、地图标记、区域探索提示等，这些功能可以帮助玩家在复杂的世界中保持方向感。通过在世界中嵌入丰富的互动元素，如隐藏任务、随机事件、秘密区域等，能够激发玩家的好奇心和探索欲望。这样的设计不仅丰富了游戏内容，也使玩家在探索过程中感到更具成就感和乐趣。精心设计的环境布局和细节可以使游戏世界更具吸引力。

通过设置多样化的景观、独特的地标和富有特色的建筑，可以让玩家在探索过程中发现惊喜和乐趣。这种细节上的用心不仅能增强玩家的沉浸感，也能提高他们对游戏世界的整体满意度。通过监测玩家的行为和反馈，开发者可以识别并解决潜在的问题。例如，如果发现玩家在特定区域过于迷失或对某些任务感到沮丧，可以调整设计或添加更多的引导功能，以改善游戏体验。

二、游戏世界内自然环境要素的设计

（一）天然的景观构成

在进行场景设计时，构建一个引人入胜的游戏世界需要对各种要素进行精心设计，包括景物、人物以及其他物体。这些要素共同构成了游戏中的环境，影响玩家的沉浸感和游戏体验。游戏中的天然景观往往会借鉴现实中的自然风景进行改造和复刻。例如，《原神》这款游戏中的璃月地区就是以古代中国为原型设计的。游戏中的自然景观通过仿照中国现存的自然风景区进行二次创作，呈现出具有浓厚地域特色的虚拟世界。其中：庆云顶模拟了山东泰山的山脉和岩石结构，创造了一个具备雄伟气势的虚拟山顶，让玩家能够感受到类似于现实中的壮丽景观；绿华池在游戏中则以四川的黄龙自然保护区为原型，通过模拟黄龙的地形特征和水体景观，营造了一个色彩丰富且生动的虚拟湖泊环境；华光林借鉴了湖南的张家界风景区，通过重现张家界的独特地貌和悬浮山脉，玩家能够体验到与现实中类似的壮观景象；轻策庄的梯田则以中国西南地区的梯田为灵感，游戏设计师通过创造充满中国元素的农田景观，让玩家感受到浓郁的乡村气息和文化氛围。

这些基于现实世界的设计不仅能够让玩家感到亲切，还能够激发他们的探索兴趣和归属感。游戏设计师通过将现实中的风景元素融入虚拟世界，创造出具有强烈文化和地域特征的环境。除了对现实世界的复刻，游戏设计师也会根据剧情需要或游戏地图的要求，结合实际与想象进行虚构设计。这些设计虽然脱离现实，但能够带来震撼的视觉效果和独特的游戏体验。例如，浮空岛这种设计打破了现实自然景观的限制，创造出飘浮在空中的岛屿或地形。这类景观通过打破地理限制，提供了新奇的探索体验和视觉冲击力，使玩家能够体验到超现实的环境。

奇幻地貌设计中，设计师可以创造出奇特的地貌，如巨大的水晶洞穴、发光的森林或悬浮的城市，这些虚构的自然景观往往带有超现实的特征，为玩家提供充满奇幻色彩的视觉和探索体验。此外，虚构的自然景观还可以包括动态变化的环境，如会随着时间变化的天气系统或地形变化，这种设计不仅增加了游戏的互动性，也提升了沉浸感。

（二）人为景观

在游戏世界的景观构建中，自然景观中的人为景观扮演着重要角色。这些景观包括自然环境中存在的人为痕迹、人工制造的景观，或是人工修复的自然景观。举例来说，中国的梯田展示了人类对山区环境的长期改造和耕作，通过精心设计的梯田系统，不仅让土地得到有效利用，还创造了独特的山地美景。美国的玻璃海滩则源于历史上的垃圾处理，其经过自然风化和冲刷，形成了色彩斑斓的玻璃碎片景观，虽然最初是人类活动的结果，但经过时间的沉淀，已成为一个独特的自然奇观；佐治亚州的普罗维登斯峡谷则展示了自然侵蚀和人为开发的互动，体现了自然和人类力量的共同作用。

设计师可以通过添加环境细节来模拟人为痕迹，例如在草地上添加小路、在沙漠中放置废弃物，或在城市中设置遗迹。这些细节不仅可以让玩家感受到人类活动对自然环境的影响，还能为探索提供更多乐趣。此外，将这些人造景观与游戏的历史背景结合起来，例如设计古老的废墟或遗址，为游戏世界增添背景故事和历史深度，也能够提升玩家的沉浸感。通过创建人工修复或改造的自然景观，如梯田、人工湖泊或景观公园，可以增加环境的美观性，并展现玩家对游戏世界的影响。这些景观不仅具有视觉上的吸引力，还能在游戏中发挥功能性作用，如作为任务目标、隐藏区域或探索奖励。例如，在游戏中融入探索古代文明的遗迹或修复被破坏的自然景观任务，能够增强游戏的互动性和趣味性。

三、游戏世界观社会环境要素的设计

（一）社会结构与角色关系

在设计游戏世界中的社会结构时，建立复杂的社会层级与组织是至关重要的。设计师可以定义不同的社会阶层，如统治阶级、贵族、平民和工匠等，并赋予每个阶层独特的角色和职责。例如，一个虚构的帝国可能包括皇室、贵族、商会等组织，每个组织都在社会和政治中扮演着不同的角色。皇室负责最高的决策和统治，贵族则掌握地方权力，商会控制经济活动。通过设定这些社会结构，可以创造出丰富的背景故事和动态的游戏世界，提供多层次的剧情发展和互动机会。社会阶层之间的权力斗争和合作关系不仅可以影响游戏的主线任务，还可以成为支线任务和剧情发展的重要元素，使游戏世界更加立体和真实。

构建复杂的角色关系网络，包括友谊、敌对和中立关系，可以极大地丰富游戏的情节和玩家的体验。例如，玩家可能需要与不同的角色建立友谊，以获取信息或完成任务。这些关系可以基于角色的背景故事、玩家的选择或任务的进展。同时，角色之间的冲突和竞争也可以为游戏添加更多的挑战和变化，影响任务的进行和剧情的发展。通过设计复杂的角色关系和互动系统，玩家可以体验到更深刻的角色发展和情感联系，从而增强游戏的沉浸感和代入感。综合考虑社会层级与组织以及角色互动与关系网络，设计师可以构建一个既有深度又充满活力的游戏世界，使玩家能够在一个多层次、多动态的虚拟环境中探索和冒险。这不仅丰富了游戏的背景和故事情节，还能为玩家提供更多的选择和策略，提升游戏的整体体验。

（二）文化习俗与经济活动

在构建虚构游戏世界时，文化习俗与行为规范的设计能够为游戏增添深厚的背景和真实感。通过创建独特的文化习俗、日常行为规范，游戏可以呈现一个富有层次和丰富性的社会环境，如设定各种节日庆典和传统仪式，这些活动不仅能作为游戏中的任务和剧情背景，还能影响角色的行为和社会互动。通过构建虚构的经济系统，包括资源的分配、贸易和经济活动，设计师可以影响游戏中的物品获取、财富积累和任务经济。例如，设定资源采集、市场交易和生产工艺的机制，使玩家能够通过参与这些经济活动来发展自己的角色或完成任务。玩家可能需要进行资源管理和经济策略，以在游戏世界中获得优势和进展。通过设计多样化的经济活动和资源管理机制，可以提升游戏的策略性和互动性，使玩家在经济层面上也能体验到挑战和成就感。文化元素和经济活动不仅塑造了游戏的背景和氛围，也直接影响了玩家的游戏体验和互动方式。这样一来，玩家不仅能够在游戏中探索和冒险，还能够在社会和经济层面上体验到一定的深度和复杂性。

第三节　世界观中的红色元素

一、红色元素的介绍

（一）历史背景与革命故事

在构建以革命事件和英雄人物为核心的游戏世界时，可以通过丰富的叙事和互动机制，带领玩家穿越革命年代，体验革命的激情与斗争。设定一个虚构的革命时代，营造出一个被压迫的社会环境，玩家将扮演勇敢的革命者，在虚拟的动荡的时代中，展开一系列战斗和冒险。通过设定详细的背景故事和革命英雄的事迹，激发玩家的爱国情感和英雄情结，使他们在游戏中感受到革命的正义和光辉。

在这类游戏世界中，可以重现一些重要的革命历史事件，使玩家有机会亲身参与这些历史时刻。玩家可以参与起义、战役以及重要会议，体验革命者们在战斗中的艰辛与荣耀。例如，玩家可以参与策划和执行起义，亲历激烈的战斗场面；或者参与重要的革命会议，制定战略和政策。这种历史事件的重现不仅增加了游戏的教育意义，还能让玩家更深入地理解红色文化的内涵，通过互动和决策，感受到革命者的勇气和智慧。

通过引入多样化的任务和活动，增强游戏的深度和趣味性。例如，玩家可以完成各种革命任务，如传递情报、营救同伴、破坏敌人设施等。这些任务不仅增加了游戏的挑战性，还使玩家在完成任务的过程中，逐渐了解革命的复杂性和多样性。同时，通过设计丰富的角色关系网络和社会结构，增加游戏的互动性和代入感。玩家可以与其他革命者建立友谊，与敌对势力进行斗争，体验革命过程中复杂的人际关系和政治斗争。①

为了进一步增强游戏的沉浸感和教育意义，可以结合现实中的历史事件和人物原型，进行创造性改编和设计。例如，通过设计精美的游戏场景和细致的历史背景，重现当时的社会风貌和革命环境；通过引入历史真实人物的故事和事迹，使游戏中的英雄人物更加生动和可信。玩家在游戏中不仅能体验到革命的激情和荣耀，还能通过与虚构和历史人物的互动，了解更多革命背后的故事和文化背景。

（二）文化符号与艺术表达

在游戏的视觉设计中融入红色文化的象征元素，可以显著增强革命氛围，让玩家更深刻地感受革命精神。红色文化的标志性图案，如红旗、镰刀锤子、红星等，可以广泛应用于游戏的各个方面。例如，游戏中的主要城市和建筑可以采用红色为主色调，体现红色文化的影响力。革命场景中的标语、旗帜、海报等也可以使用这些标志性元素，强化视觉效果。角色服装和道具可以结合红色文化的象征元素，设计出具有革命特色的服饰和装备。例如，革命者的服装可以加入红色元素，如红领巾、红袖章等；武器和装备可以设计成镰刀锤子图案的款式。此外，游戏中的道具，如任务物品、战利品等，也可以加入这些标志性图案，进一步加强革命氛围。

音乐设计方面，加入革命歌曲和音乐，可以通过听觉层面增强玩家的情

① 卢金浩、张帅、伍传敏：《基于 Unity3D 三维游戏场景与 AI 系统的设计与实现》，《三明学院学报》，2013 年第 30 期，第 31–35 页。

感体验和氛围营造。经典革命歌曲如《国际歌》《东方红》等，可以作为游戏的背景音乐，或在关键剧情节点和战斗场景中播放。游戏的开场动画、任务完成时、重要剧情转折点等，都可以加入这些革命歌曲，使玩家在游戏中更深刻地感受到红色文化的精神内涵。在设计战斗场景和重大事件时，革命歌曲和音乐的使用尤为重要。例如，在激烈的战斗场景中，播放《国际歌》可以激励玩家的斗志；在胜利时刻，播放《东方红》可以增强玩家的成就感和归属感。通过这些音乐的力量，可以让玩家更加深入地体验革命时期的激情与荣耀。可以在游戏中设计一些音乐互动环节，如革命歌曲的演奏和合唱任务，让玩家亲身参与革命歌曲的演绎。这不仅增加了游戏的互动性和趣味性，还能通过音乐教育，让玩家更好地理解和传承红色文化。

二、游戏世界观中红色元素的象征意义

（一）革命精神与奋斗历程

红色文化在游戏中的运用，可以深刻体现出反抗压迫和追求自由的精神。这种文化象征常常通过设定革命性的事件、激烈的战斗场景和令人钦佩的英雄人物来展现。在游戏世界观中，角色可能扮演着为了争取正义和自由而奋斗的革命者，他们的故事和经历不仅展示了他们在面对压迫和困难时的坚韧不拔，还传递了对理想的执着追求。这些角色的历程可以通过充满挑战的任务、艰难的战斗以及战略性的决策来表现，让玩家深入感受这种精神的力量和影响。这种象征在游戏中可以通过从旧有的压迫体制到新社会制度的转变来体现。玩家可以在游戏中参与到这一变革之中，体验从旧有制度的解构到新社会制度的构建的艰辛与成就。这不仅包括参与革命的直接行动，还包括在重建社会、创新体制和推动进步方面的挑战。通过这些设定，玩家能够亲身感受到社会变革的复杂性，以及在追求理想和建立新秩序过程中所面

临的种种困难和成就感。游戏中的这一过程既能让玩家体验到红色文化所代表的革命精神，也能引发对社会变革的深刻思考。

（二）集体主义与团结协作

红色文化在游戏中也可以深刻体现集体主义精神，强调集体利益高于个人利益，倡导团结协作和共同奋斗。这种精神可以通过设计需要团队合作的任务、战略和角色互动来展现。在游戏中，玩家可能需要与其他角色或玩家密切合作，共同完成复杂的任务或战斗。通过这种合作，玩家能够体验到集体主义的价值观，感受到团结与协作的重要性。例如，团队合作任务可能要求玩家分工协作，每个角色发挥不同的技能和优势，共同解决难题，这种设定不仅能提升游戏的互动性，还能强调集体利益的重要性。

红色文化也象征着社会责任感，倡导个人对社会的责任和对集体的贡献。在游戏中，这种社会责任感可以通过玩家的行动和决策对整个游戏社会的福利和发展产生影响来体现。玩家的选择可能会影响游戏中的资源分配、社区发展或社会稳定，反映出玩家对社会责任的承诺和对公共利益的重视。通过这种设定，游戏不仅能够培养玩家的责任感和道德观念，还能让他们在虚拟世界中体验到为社会做出贡献的成就感。总的来说，游戏中的这些设计不仅丰富了游戏的叙事和玩法，也帮助玩家在娱乐中理解和体验红色文化所倡导的集体主义精神和社会责任感。

三、世界观中红色元素在游戏中的运用

（一）叙事与剧情设计

在游戏的视觉设计中融入红色文化的标志性元素，能有效地营造革命氛围和文化背景。游戏场景可以通过运用大量红色元素和标志，使玩家感受到

革命精神的无处不在。例如，在游戏中的城市、村庄和重要建筑物上悬挂红旗，墙壁上绘有镰刀锤子的图案，地面铺设带有红星标志的石板路。角色的服装设计也可以大量使用红色元素，例如红色的军装、斗篷、帽子等，增强视觉冲击力。同时，道具设计也可以融入红色文化，如红色的武器、工具和交通工具，使整个游戏世界充满红色革命的色彩和象征意义。

游戏可以采用革命时期的艺术风格，以宣传画、海报艺术和革命标语等形式，来增强游戏的历史感和文化氛围。这些艺术元素不仅可以出现在游戏的过场动画中，还可以应用于任务界面和背景装饰。例如，玩家在完成任务后，可以看到以宣传画风格呈现的过场动画，展示革命胜利的场景和英雄人物的事迹。任务界面可以设计成仿古的海报风格，配以革命标语和宣传口号，激发玩家的斗志和热情。游戏背景中也可以随处可见革命时期的标语墙、宣传板和海报栏，营造出浓厚的革命气息，让玩家仿佛置身于那个热血沸腾的年代。玩家可以在游戏中收集到各类革命时期的宣传画和海报，解锁相关的历史故事和背景资料。这些收藏品可以展示在游戏中的博物馆或革命纪念馆中，供玩家参观和学习，进一步增加游戏的教育意义和文化深度。

（二）音效与音乐设计

在游戏的背景音乐和重要场景中加入经典的革命歌曲，如《国际歌》《东方红》《义勇军进行曲》，可以极大地增强游戏的情感表达和氛围营造。这些歌曲不仅富有革命精神，还能够激发玩家的情感共鸣和参与感。例如，在关键剧情节点，如革命胜利时刻或重要决策时，可以播放这些经典曲目，提升游戏的戏剧性和情感深度。在战斗场景中，激昂的革命音乐可以增强紧张感和战斗氛围，推动玩家的战斗激情。而在庆祝活动或胜利场景中，悠扬的革命歌曲可以为玩家提供成就感和欢乐感。通过对这些音乐的有效运用，可以让玩家在游戏过程中更深刻地感受到革命时代的精神和历史背景。

□ 游戏设计中的世界观搭建

在游戏中使用充满激情和革命精神的音效和对白，可以进一步塑造鲜明的革命气息。例如，在游戏的战斗和冲突场景中，可以运用激烈的战斗音效，如炮火声、呐喊声和号角声，以增强战斗的真实感和沉浸感。角色的台词也可以融入革命口号、经典语录和激励性语言，这不仅能提升角色的个性和背景，还能激发玩家的斗志和情感共鸣。例如，角色在关键时刻可以引用革命领袖的演讲词或经典的革命口号，增强情节的戏剧性和感召力。同时，革命精神的对白可以在任务对话、角色互动和剧情发展中发挥重要作用，增强玩家对游戏世界和角色的认同感。通过音效和对白设计，可以让玩家更全面地体验和感受红色文化的精神和革命时代的气氛。

第四节　红色题材游戏设计

一、红色题材的背景设定

（一）革命历史背景

以革命或重大历史事件作为核心背景，可以为玩家提供一种深刻的沉浸式体验。这种设定不仅能够重现历史的波澜壮阔，还能让玩家感受到社会动荡的真实感。例如，可以设定游戏背景在一个经历了重大社会变革的时期，如革命战争、解放运动或政治改革时期。游戏世界可能会被划分为多个不同的阵营或势力，这些势力之间的冲突与合作构成了游戏的主要故事线。

游戏中的任务和剧情可以围绕重要历史事件展开，例如，玩家可能会参与关键的战役、重要的政治决策或对抗压迫的行动。通过亲身经历这些历史事件，玩家不仅能够了解历史的进程，还能感受到当时的社会氛围和人民的奋斗精神。例如，玩家可能需要领导一支部队，参与战略规划和战斗，或在政治风云中谋划联盟和谈判。通过这种互动体验，玩家能够感受到历史的复杂性和戏剧性，从而更深刻地理解革命的历史背景和影响。游戏可以构建一个充满革命遗产和社会变革的环境，使玩家能够探索革命后的社会重建过程。在这个环境中，城市和乡村的设计可以展示出新的政治体系、经济模式和社会结构的变化。例如，玩家可以在游戏中访问革命后的城市，看到新的政府机构、变革中的经济活动和重新规划的社区。游戏中的环境可以包括历史遗迹、纪念碑和革命博物馆等，这些场所不仅展示了革命的历史，还反映了文化传承和社会变迁。

玩家通过与这些遗迹互动，能够更深入地理解革命的影响力和文化遗产。例如，玩家可以在博物馆中了解革命的重要人物和事件，或者在历史遗迹中探索曾经发生的关键战役和事件。这种设定不仅丰富了游戏的背景故事，还使玩家能够在享受游戏的过程中，获得对红色题材及其社会背景的更全面认识。[①] 这种游戏设计方式不仅增强了游戏的历史真实性和教育性，还提升了玩家对革命历史和社会变革的理解，提供了一个既有娱乐性又有深度的游戏体验。

（二）英雄人物与革命力量

加入革命领袖与英雄角色，可以为玩家提供一个深刻的角色扮演体验。这些角色既可以是历史上的真实人物，也可以是虚构的英雄人物，通过他们的故事、成就和挑战，玩家能够感受到他们的英勇和智慧。比如，玩家可以与这些革命领袖互动，接受他们的任务和挑战，参与到关键的革命行动中。通过完成任务，玩家不仅能够体验到领袖们在革命中的英雄旅程，还能够感受到他们对革命的重大贡献。游戏中的角色可能会有独特的背景故事和技能，这些都将增强玩家对他们的认同感和投入感。例如，玩家可能会与历史上的革命领袖策划战略、参加重要的战役，或解决复杂的政治和社会问题。

游戏中可以构建一个活跃的革命组织或运动，这可以包括地下抗议组织、军事力量或社会改革团体。玩家可以成为这些组织的成员，参与策划和执行各种革命活动，如组织抗议、策划起义或进行宣传。玩家将体验到团结奋斗和共同抗争的真实感受。游戏中的任务可能包括招募新成员、策划行动、

---

① 白育炜、丁妮、周雯：《浅析虚拟交互体验类游戏的场景设计——以 VR 游戏〈Top Floor〉为例》，《现代电影技术》，2019 年第 30 期，第 45–49 页。

执行秘密任务以及应对敌对势力的挑战。这不仅让玩家能够在虚拟世界中积极推动社会变革，还能加深他们对革命组织运作和社会变革过程的理解。

通过这些设计，游戏能够将革命领袖的英勇事迹和革命组织的动员过程具体化，让玩家在互动和决策中体验到革命的艰辛与成就。玩家不仅能够参与到革命的历史进程中，还能深入理解革命带来的社会变革和历史影响。这种设定不仅增强了游戏的沉浸感，也提供了一个富有教育意义和启发性的体验，让玩家在娱乐的同时，对革命历史和社会变革有更深刻的认识。

二、红色题材的游戏角色设计

（一）革命领袖与英雄人物

在设计游戏中的革命领袖或英雄角色时，必须注重他们的英雄气质与领导力。这些角色应具备鲜明的个性和强大的领导魅力，以体现他们在革命运动中的核心地位和影响力。这些领袖可能是革命运动的创始人、指挥官或社会改革者，他们的决策和行动对革命的成功至关重要。游戏中可以通过展示他们在关键时刻做出的重大决策、制订战略计划和指挥重要战役来突出他们的领导能力。例如，玩家可能会参与一个角色的战略会议，帮助制订未来的行动计划，或在激动人心的战斗中跟随他们的指挥。这不仅能让玩家体验到角色的决策智慧，还能增强他们对角色的敬佩和认同感。

他们可能经历过极大的个人损失，为了共同的理想和目标而牺牲自己的幸福和安全。游戏可以通过角色的故事背景和个人经历来展示这一点，例如，角色可能失去了亲人、经历过巨大的风险，或忍受了巨大的痛苦。通过这些体验，玩家能够感受到角色在革命过程中所付出的巨大代价，进而对他们的勇气和奉献精神产生更深的共鸣。

角色的背景故事应该包含个人挣扎、道德冲突和人际关系，这些因素会影响他们的决策和行为。例如，角色可能在革命过程中面临道德困境，需要在个人利益和集体利益之间做出艰难选择，或与旧友和家人产生冲突。游戏可以通过剧情的发展、角色之间的对话和互动来展现这些复杂的个性和背景故事。玩家可以看到角色在面对挑战时的内心挣扎和成长，从而更加深入地理解他们的动机和决策。这种复杂的角色塑造不仅让角色更具深度和真实性，还能增强玩家的情感投入，使他们在游戏中体验到角色的成长和变化。游戏中的革命领袖或英雄角色不仅会展现出强大的领导力和英雄气质，还会通过复杂的个性和背景故事引发玩家的情感共鸣。这种深入的角色塑造能够提升游戏的沉浸感，使玩家在虚拟世界中体验到更丰富的情感和历史感。

（二）普通战士与支持角色

多样化的背景和角色定位能够显著增强游戏的丰富性和深度。不同背景和技能的角色，如普通战士、情报员、医疗人员或技术专家，都应具备独特的背景故事和能力，体现出红色文化中的集体主义和合作精神。普通战士的设计可以围绕其复杂的家庭背景和战斗经历展开。例如，一个来自贫困家庭的战士为了改变命运而投身革命，其个人故事能够让玩家感受到普通人在革命中所面临的艰辛和付出。情报员则可以具备关键的信息和战术知识，他们的任务涉及收集敌方情报和行动策划，通过这些角色的智慧和秘密工作，玩家能够体验到信息战的复杂性和战略部署的挑战。医疗人员在游戏中可以负责治疗和支持，其背景故事可以展现他们在救援任务中的经历和对患者的关爱，突出医疗支持在革命中的重要性。技术专家则可以专注于制造武器、破解技术难题或修复设备，他们的技能和对科技的热爱使玩家能体验到技术对革命胜利的推动作用。

除了角色的多样化设计，角色间的互动和成长机制也是提升游戏深度的重要因素。游戏可以设计角色之间的互动，例如支持角色与玩家角色建立深厚的友情或合作关系。在任务中，这些互动可以表现为共同完成任务、解决冲突或分享个人故事。通过这种设计，玩家不仅能体验到团队协作的重要性，还能感受到角色之间的个人成长和情感深度。角色的互动能够让玩家感受到每个角色在革命过程中所做出的贡献和他们在团队中的独特价值，从而增强玩家的情感投入和整体体验。

三、红色题材的游戏情节设计

（一）革命斗争与关键事件

在游戏中重现重大历史事件时，通过设计围绕革命斗争的关键事件和战役的情节，可以让玩家体验到历史的波澜壮阔和革命的复杂性。游戏可以结合虚构与真实历史的元素，为玩家提供一个既真实又引人入胜的体验。例如，游戏可以模拟历史上的著名战役或起义，同时加入虚构的情节和角色，使故事更加生动。例如，玩家可以参与策划一次历史性的起义，面对敌人的压制，组织资源和人力，制定战略，逐步推动革命目标的实现。这种设计让玩家不再是旁观者，而是革命历史的一部分，从而增强他们对历史事件的理解和参与感。

玩家可能会从最初的策划阶段开始，制订行动计划，进行秘密会议，筹集资金和资源，招募志同道合的支持者。接着，游戏可以设置复杂的战略部署任务，玩家需要合理安排资源、协调各方力量，并在战斗中指挥队伍。每个阶段都可以设置各种挑战，如敌人的反扑、资源的短缺、内部分歧等，玩家需要不断做出策略调整，以确保最终的胜利。这种任务链设计不仅让玩家全面体验革命的策划和执行过程，还能让他们感受到每一个环节对最终结果的重要性。

除了重现历史事件，游戏中的情节设计还可以包括重大道德选择，这些选择将直接影响游戏的进程和结局。玩家可能面临诸如是否牺牲某些角色以实现更大目标，或者在个人利益与集体利益之间做出抉择的情境。这些道德选择可以在游戏的关键时刻出现，例如在资源紧张时决定是否将有限的资源分配给某个重要任务，或者在战斗中决定是否采取激进的策略。

以上设计不仅增强了情节的复杂性，还让玩家体验到革命斗争中的道德困境和权衡，从而深刻理解个人决策对集体目标的影响。这种复杂的情节设计不仅让玩家体验到历史的宏大和深刻的道德选择，还能使他们在游戏中感受到革命的真实与艰辛，从而增强游戏的沉浸感和情感投入。玩家不仅能了解历史，还能在虚拟世界中体验到历史的波澜壮阔和革命的深远影响。

（二）英雄成长与社会变革

在游戏中设计个人成长与英雄旅程，可以通过主角从一个普通的革命参与者成长为关键的英雄人物的过程，来展示其逐步蜕变的经历。游戏可以设定一系列任务和挑战，反映主角的个人成长和心理变化。故事初期，主角可能是一个对革命充满热情但缺乏经验的普通参与者，通过与其他角色的互动、接受培训和参与小规模的行动，逐渐积累经验和信心。随着游戏的进展，主角会面对越来越复杂的挑战，从初期的犹豫不决和内心挣扎，到最终做出坚定决策，领导关键的战役或解决重大问题。游戏中的关键情节可以包括主角的训练过程、参与决定性的战役，以及经历个人重大损失，这些元素将展示主角如何从平凡中崛起，成为一位不可或缺的英雄人物。玩家能够亲身体验主角的成长轨迹，感受到个人努力和坚持带来的变化和成就。

游戏还可以描绘革命后的社会变迁，包括新政府的成立、社会制度的改革。例如，玩家可以参与帮助重建基础设施，如修复被战争破坏的城市、建立新的交通网络或恢复生产能力。这些任务不仅让玩家感受到重建工作的艰辛，还能体验到对新社会的贡献。游戏还可以设置任务，让玩家参与制定新法律、改革社会制度、处理旧有社会问题等，包括解决社会矛盾、推动公平正义的政策实施，或者处理革命带来的社会遗留问题。通过参与这些社会变革的过程，玩家能够体验到从革命胜利到社会稳定的艰辛历程，并理解社会重建中的挑战和机遇。这种设计不仅丰富了游戏的世界观，也让玩家在虚拟世界中感受到社会变革的深远影响。

第三章

基于世界观基础元素的推演

第一节　世界观推演的三个维度

一、经济维度的推演

（一）资源管理与分配

在游戏中定义资源种类与获取途径的设计可以为游戏增添层次感和策略深度。游戏世界可以包括多种类型的资源，每种资源都需要不同的获取方式和管理策略。

自然资源如矿产、能源和水源可以分布在游戏世界的不同区域。矿产资源可能包括铁矿、铜矿和稀有矿石，而能源资源包括石油、天然气和电力能源。玩家需要通过在矿区开采、建立能源生产设施或探索未开发区域来获取这些资源。这不仅要求玩家掌握资源获取的基本技巧，还要有效管理和利用这些资源，以便在游戏中取得进展。

人力资源同样重要，包括各种角色，如工人、专家和战士等。这些角色可以通过不同方式获得，例如通过完成任务、招聘、培训或解锁剧情来招募具备特殊技能的角色。工人可能负责基础建设和资源采集，专家可能在研究和技术开发中发挥关键作用，而战士则在战斗和防御中不可或缺。玩家需要协调这些角色的工作，确保他们的技能得到最大化利用，从而推动游戏的发展。

财务资源是游戏经济系统的核心，包括货币、投资和财宝等。玩家可以通过完成任务、进行贸易、参与市场交易或发现隐藏的财宝来获得财物资源。这些资源用于购买物资、建设和升级设施、进行科技研究或对外投资。合理的财务管理将直接影响游戏中的经济发展和玩家的战略选择。某些资源在游戏中可能非常稀缺，需要玩家通过竞争、合作或探索才能获取。例如，某些关键矿产资源可能只在特定的、危险的区域出现，玩家需要组建探险队进行冒险，或者与其他玩家建立联盟，共同争夺这些资源。这种稀缺性不仅推动玩家之间的互动，还可能引发策略和权谋游戏。

玩家可能需要策划经济策略、建立贸易网络，甚至进行资源控制和区域争夺，以获得资源优势。[①] 例如，资源点可能会因过度开采而枯竭，或者由于游戏中的事件和决策而改变资源的分布。玩家需要适时进行资源的重新分配和策略调整，以保证游戏的顺利进行。通过精心设计资源种类、获取途径和分配机制，游戏可以提供丰富的策略体验和深度的互动乐趣。玩家将在管理资源、制定经济策略和应对竞争中获得成就感和满足感，同时也能体验到在复杂的游戏世界中逐步实现目标的乐趣。

（二）经济体系与发展

在游戏中构建经济结构和模型，可以通过设计不同的经济模式和经济活动组成部分来增强游戏的策略深度和互动性。选择经济结构可以包括市场经济、计划经济或混合经济。在市场经济中，玩家的经济活动由市场需求和供给决定，他们可以自由交易、参与商业活动和调整价格。市场经济下，玩家可以通过建立公司或商会，参与市场竞争来影响经济走向。计划经济则由中央计划和控制决定，玩家需要遵循政府设定的经济计划，进行生产目标的管

① 栾佳玉：《浅谈电子游戏情感设计》，《设计》，2017 年第 30 期，第 48–49 页。

理和资源的分配。混合经济结合了两者的特点，部分由市场力量决定，部分由政府或其他权力机构控制，玩家在遵循政策的同时也可以进行自由经济活动。生产涉及资源的加工和商品的制造，玩家需要建设工厂、招聘工人并管理生产线。生产的效率和产量会直接影响游戏经济的运转。消费则包括玩家和 NPC 的购买行为，消费需求会影响市场价格和生产决策。

交易系统允许玩家通过市场买卖商品和服务，从而影响经济的动态。投资机制则涵盖资金投入、项目开发和科技研究，通过投资决策，玩家可以推动经济增长和技术进步。玩家可以通过投资基础设施、开发新技术或扩展业务来促进经济增长，科技研究和创新带来生产力提升和新机会。贸易系统和市场价格波动也会影响经济繁荣，玩家通过进出口商品或建立商业联盟来推动经济发展。经济指标如 GDP、就业率和市场价格等可以反映游戏世界的经济状态，玩家的决策将受到这些指标的影响。政策调整机制允许玩家制定和调整税收、补贴和经济刺激措施，政策变化会影响游戏中的经济环境和商业活动。

（三）经济政策与玩家互动

政策制定与调整和玩家互动与经济竞争的设计可以极大地增强游戏的深度和动态性。政策制定与调整的设计可以使游戏中的经济系统更加复杂和富有挑战性。玩家需要制定和调整各种经济政策和法规，这些政策会直接影响游戏中的经济活动和资源分配。例如，玩家可以制定税收政策来调节财富分配，或者设置贸易协议以促进或限制国际贸易。资源管理规定则可以决定资源的开采和使用方式，从而影响生产和消费。政策的制定和调整不仅会改变资源的流动，还可能影响到玩家的策略和游戏中的经济环境。通过这些政策，玩家可以对经济系统进行干预，推动或制约经济发展，增强游戏的策略性和深度。玩家之间的经济互动可以通过各种方式实现，例如合作、竞争和交易。

设计贸易系统允许玩家进行资源交换和商品买卖，这不仅会影响市场价格，还将促进玩家之间的经济互动。合作机制则可以让玩家组成联盟，共同完成任务或应对挑战，从而在经济活动中形成战略合作关系。竞争机制则可以包括市场争夺、资源抢夺战等，这些机制可以增加玩家之间的对抗性和策略深度。设置经济事件和挑战是进一步增强玩家互动的重要手段。例如，市场波动可能由游戏内的事件触发，如自然灾害、政治动荡或经济危机，这些事件会影响市场价格和资源供给，迫使玩家调整策略。资源争夺战可以引发玩家之间的直接对抗，争夺有限的资源或控制关键的经济区域。这些事件和挑战不仅推动了玩家之间的互动，还提高了游戏的紧张感和参与度。

二、政治维度的推演

（一）政治结构与权力体系

在游戏中构建政治体制和政府形式可以为玩家提供丰富的策略体验和决策挑战。定义游戏世界中的政治体制是关键，如民主、专制、君主制或混合政体，每种体制都有其独特的权力结构和治理方式，这会影响游戏中的决策过程和玩家的行动。在民主体制中，玩家可能需要参与选举、制定政策和处理公众意见，而在专制体制下，玩家可能要面对集中权力的领导者，并应对权力滥用和社会不满。君主制可能涉及王室家族的继承问题和贵族阶层的影响，而混合政体则结合了不同体制的特点，提供了复杂的治理挑战。

游戏中的权力结构应涵盖不同的政治角色，包括领导者、官员、军队指挥官和地方管理者。这些角色的职责和权力范围应该明确。例如，领导者可能负责制定国家政策和战略决策，而官员则可能负责执行政策和管理各个部门。军队指挥官可能需要管理军事行动和防御，而地方管理者则负责地方的治理和社会事务。每个角色的行动和决策都将影响游戏世界的运作和玩家的策略。玩家的角色可能会涉及这些政治角色的互动和权力争夺。例如，玩家可能需要与官员协商政策，或者与军队指挥官合作解决危机。在专制体制中，玩家可能需要应对权力集中带来的挑战，而在民主体制中，玩家可能需要管理各种政治派别和公众舆论。游戏可以呈现出复杂的政治动态和决策过程，让玩家体验到多层次的权力博弈和治理挑战。

（二）政策制定与执行机制

在游戏中设计政策影响与决策过程可以显著增加游戏的深度和复杂性，使玩家在管理和领导中感受到更多的战略挑战。政策制定和执行的机制应包括制定流程、审批机制和实施效果。玩家可能需要通过各种手段来制定政策，这可能包括谈判、投票或发布指令。政策的制定流程可能需要玩家与其他角色或势力协商，达成共识或通过选举决定。审批机制可以设置为多级审查，例如需要通过议会或高级官员的批准。在执行政策时，玩家可能需要部署资源、指派任务或监督实施过程，以确保政策能够有效执行。

政策的效果会在经济、社会和军事等方面体现出来。例如，税收政策的调整可能会直接影响游戏中的经济状况，引发经济繁荣或衰退；军事开支的变化可能会影响国家的军事实力和战斗能力，带来军事强盛或衰弱的结果；社会福利政策的改变可能会引发社会动荡或稳定，影响民众的满意度和社会的整体稳定性。为了使游戏更具互动性和真实感，可以设计详细的反馈机制，使玩家能够看到政策实施后的具体变化和结果。这些反馈可能包括统计数据、社会评论、经济报告或事件触发，使玩家能够清楚了解政策的实际效果。

玩家可能需要分析不同政策的影响，评估其效果并做出相应的调整。例如，如果某项经济政策导致经济衰退，玩家可能需要重新审视税收政策或投资策略。如果社会福利政策引发了社会不满，玩家可能需要调整福利支出或采取措施稳定局面。在面对不断变化的游戏环境时，玩家的决策将直接影响游戏的进程和结局，从而增加游戏的挑战性和策略性。

三、文化维度的推演

在游戏世界观的文化维度推演中，创建一个生动而真实的文化环境是至关重要的。这个环境不仅包括游戏世界中的语言、服饰、饮食、节庆和社会习俗，还涉及核心文化价值观和社会规范。设计时，应深入考虑这些文化特征如何影响游戏的整体体验。语言或方言能够为游戏世界增添真实感，并且可以在角色对话和任务中体现出文化的深度。服饰设计应反映不同文化的风格和社会地位，通过高贵的装饰与朴素的衣着，展示社会等级和角色背景。饮食习惯和节庆活动也应被详细描绘，例如通过节日庆典和传统美食展现文化的庆祝方式和社会习俗。这些价值观如家庭观念、荣誉、勇气和智慧等，能够深刻影响角色的行为和互动方式。例如，一种文化可能强调集体主义和社会责任，而另一种文化则注重个人成就和自由。这些价值观通过角色的行为、对话和剧情发展展示出来，使玩家能够理解并融入游戏世界的社会规则和伦理观念。

设计文化之间的冲突和融合情节是推动游戏世界发展和丰富情节的重要手段。游戏中可能会出现不同文化之间的摩擦和误解，这些冲突可以通过任务和情节来展示。同时，文化融合的情节展示了不同文化之间的合作与互动，这不仅增加了游戏的复杂性，还提供了玩家解决冲突和合作的机会，从而提升游戏的深度和趣味性。

第二节　世界观推演的三个思路

一、自然环境和社会环境的相互作用

（一）自然环境对社会发展的影响

在游戏世界的设计中，资源分布与经济活动、地理障碍与社会隔离都是塑造游戏环境和玩家体验的关键因素。资源分布与经济活动方面，自然资源的分布直接决定了游戏世界中的经济活动和社会发展程度。例如矿产、森林、水源等资源的丰盈程度会影响地区的经济基础和发展方向。在资源丰富的区域，玩家可能会见证一个以采矿、林业或农业为主的经济模式。这些地区可能拥有繁荣的工业和繁忙的市场，经济发展以资源的开采和利用为中心。而在资源匮乏的地区，玩家则可能发现这些地方依赖贸易、科技进步或创新来维持经济。[①] 这些地区可能发展出以技术研发、手工业或贸易网络为主的经济模式。

资源的稀缺性或丰富性可以推动经济系统的演变，例如通过开采、交易和利用资源来推动经济发展和社会变革。游戏中的自然环境设定会对社会的

---

① 孙诗婕、李栋宁：《赫尔曼解释模式下的剧情类游戏叙事目标设计》，《设计艺术研究》，2022 年第 12 期，第 66–69 页。

隔离程度和交流方式产生深远影响。地理障碍如山脉、河流、沙漠等可能导致不同区域之间的隔离，形成独立的文化或政治实体。例如，高山可能阻碍区域间的通行，导致山区的文化和政治体系与平原地区截然不同。沙漠的广袤可能使其成为难以穿越的边界，限制了沙漠区域与其他地区的交流和贸易。这样的地理隔离可以影响游戏中的角色旅行路径、贸易路线和文化交流，塑造不同区域的社会发展和互动模式。玩家可能需要克服这些地理障碍，建立或维护贸易路线、探索未知区域、促进文化交流，从而影响游戏世界的整体发展和互动。

（二）社会活动对自然环境的影响

环境改造与资源管理以及社会决策与环境保护是两个互相交织的重要机制，它们会深刻影响玩家的游戏体验和策略决策。玩家在进行环境改造时，如城市建设、农田开垦或矿产开采，会直接改变自然环境的面貌。这些活动不仅会带来即时的资源收益，还会引起长期的深刻的环境变化。例如，城市扩张可能需要砍伐森林和填埋湿地，这可能引发土壤侵蚀、空气污染和生物栖息地丧失。矿产开采虽然能提供宝贵的资源，但同时也可能导致地表被破坏和水源污染。游戏可以设计环境健康指标，如空气质量、水源污染度和生物多样性等，来反映这些环境变化。玩家的每一个决策都可能带来这些指标的变化，从而影响游戏世界的生态系统和资源状态。玩家在制定和执行政策时，需要考虑对自然环境的影响。例如，设立自然保护区可以保护特定生态系统和物种，但这也可能限制某些经济活动的发展。

实施污染控制措施能够改善空气和水质量，但可能增加经济负担或对工业生产造成不利影响。游戏中可以设计政策实施后的效果和反馈机制，让玩家看到政策对环境的实际影响。例如，限制资源开采可能防止资源的枯竭，但也可能导致经济增长的缓慢。玩家需要在这些政策选项中做出权衡，既考虑经济发展的需求，也关注环境保护的必要性。游戏不仅能增强策略层面，还能促使玩家思考环境可持续性的重要性。玩家在游戏过程中需要不断调整和优化资源管理策略，以应对不断变化的环境挑战，同时平衡经济发展和环境保护之间的关系。这种复杂的机制增加了游戏的深度和玩家的参与感，使他们在虚拟世界中体验到与现实世界类似的环境管理和社会决策问题。

二、区域差异性产生的原因及影响

（一）区域差异性的产生原因

在设计一个游戏世界时，自然环境、历史背景、资源分布和社会结构等因素需要综合考虑，以创建一个多维度且富有深度的游戏体验。自然环境中的地形地貌，如山脉、平原、河流和沙漠，不仅影响资源的分布，还直接影响玩家的探索和活动方式。例如，山区可能富含矿产资源，并提供了复杂的地形挑战，使得资源的开采和地区的开发具有一定难度；相对地，平原地区适合大规模农业和城市建设，提供了丰富的资源和发展机会。气候条件也是一个重要因素，热带地区可能拥有丰富的植被和动物多样性，而寒带地区则可能以冰雪覆盖和寒冷气候为主。这些气候差异会影响玩家的生存策略和资源管理，增加游戏的动态性和挑战性。历史背景同样重要，不同区域的历史事件和发展过程对社会结构和文化有深远影响。例如，一些地区经历过战争或殖民统治，可能留下了历史遗迹和特殊的社会结构。文化演变也同样重要，历史上的文化交流和演变影响了各区域的文化传统和社会习俗。

通过设定不同的文化背景，游戏可以展示节庆、艺术、建筑风格和社会规范，丰富游戏的世界观，并为玩家提供探索和互动的机会。自然资源的丰富程度影响区域的经济发展和社会结构。例如，资源丰富的地区可能发展成为经济中心，而资源贫乏的地区则可能依赖于外部支援。资源的可用性决定了经济活动的模式，如沿海地区可能发展出繁荣的港口城市和国际贸易，而内陆地区则可能以农业为主。通过设置资源的稀缺性和分布，游戏能够推动经济策略和社会结构的演变。人口分布和政治制度都对游戏世界的组织和发展产生影响。人口密集的城市区域可能有复杂的社会结构和多样的经济活动，而人口稀少的乡村区域则可能较为简单。政治制度的差异，如中央集权与地方自治，会影响政策的实施和社会的发展。设计不同的政治体制和权力结构，能够使玩家在游戏中体验到不同的治理方式和社会互动，增加游戏的策略深度和复杂性。

（二）区域差异性的影响

游戏世界的多样性通过环境、文化、游戏机制和社会互动等方面为玩家提供了丰富的体验和挑战。在环境差异上，不同区域的地形、气候和生态系统为玩家创造了丰富多彩的探索体验。例如，山脉的险峻地形和沙漠的极端气候不仅影响了视觉效果，还改变了玩家的行动方式和生存策略。这种环境的多样性使游戏世界更加逼真和引人入胜，让玩家感受到探索未知领域的兴奋感。

文化体验方面，各区域的文化差异为玩家提供了独特的文化背景，包括建筑风格、艺术表现和社会习俗等。玩家可以通过访问不同区域，体验各种文化的独特魅力和历史底蕴。在游戏机制和任务设计上，区域差异性使任务更加多样化。比如，山地区域的任务可能涉及攀爬、探险和对抗自然环境，而沙漠区域的任务则可能集中在资源管理和生存挑战上。这样的任务设计使得每个区域都有其独特的玩法和挑战，增加了游戏的复杂性和策略性。

在资源贫乏的区域，玩家可能需要更为精细地管理和寻找补给，而在资源丰富的区域，玩家则可以利用这些资源建立经济基础，推动游戏进程。这种资源的差异性不仅丰富了游戏的策略层面，还让玩家在不同的游戏阶段面临不同的决策挑战。社会互动和政治影响方面，区域之间的差异可能导致冲突或合作。例如，不同区域之间的竞争、联盟或战争可以成为游戏中的重要情节，增强游戏的策略深度和互动性。

玩家可能需要在不同的政治环境中进行外交谈判或制定政策，这些政策可能影响到社会的发展和玩家的行动。政治制度和政策的差异性为游戏世界的运作增加了复杂性，使玩家在游戏中体验到更为真实的社会互动。玩家体验和沉浸感方面，区域差异性激发了玩家的探索动机，使他们更愿意去发现和体验游戏世界的各个部分。每个区域的特点和挑战不仅增加了游戏的吸引力，还提升了玩家的沉浸感。此外，玩家在不同区域的经历会影响角色的成长和发展，例如，角色可能在某个区域获得特殊的技能或知识，这些经历将塑造角色的背景和能力，为游戏增加层次和深度。

三、区域差异性导致的种群纷争及其后果

区域差异性导致的种群纷争在游戏世界中可以表现为多种形式，并产生不同结果。这些纷争往往源于资源争夺、文化冲突和政治领土争端，直接影响游戏世界的稳定性和玩家的游戏体验。不同区域可能拥有不同类型和数量的自然资源，如矿产、能源。这种资源的不均匀分布使得某些区域因资源的争夺而发生冲突。在游戏中，这种资源争夺不仅会导致战斗和战争，还可能破坏资源的可持续利用，影响区域的经济和社会稳定。此外，控制重要的贸易路线也可能引发冲突，改变区域间的经济关系。

游戏世界中，不同区域可能有着截然不同的文化背景和传统，文化差异可能导致摩擦和对立。例如，某些区域的风俗习惯与其他区域的文化产生冲突，导致文化争端和社会紧张；文化侵略，即将自己文化强加给其他区域，也会引发反抗和冲突，影响游戏中的社会互动和文化交流；不同的势力和种

群可能因为争夺领土而发生冲突，领土争夺战不仅影响游戏中的地理分布，还会改变权力格局。政治控制的争夺，比如通过军事或外交手段控制其他区域，也会导致政治斗争和社会不稳定，影响游戏中的政局和玩家的策略选择。社会动荡和经济损失是显著的影响。冲突和战争会导致社会秩序的崩溃，破坏基础设施和经济活动，使得区域经济衰退和资源短缺。环境变化也是一个重要的后果。

战争和冲突可能导致自然环境的破坏，如森林砍伐、土地污染和生态失衡，这不仅影响游戏世界的美观，也影响玩家的生存条件。敌对关系可能长期存在，从而改变区域间的外交和合作关系。政治重组可能导致领土划分和政权更迭，影响游戏中的势力对抗和权力平衡。最终，这些纷争和后果会深刻影响玩家的游戏体验。玩家可能需要面对复杂的任务和挑战，如参与战争、解决资源争夺问题等，角色的成长和背景故事也会受到冲突经历的影响，丰富了游戏的情节和互动性。

第三节 一些特殊世界观的设计

一、魔幻世界观的设计

（一）魔法系统

在游戏世界中，魔法类型与规则、教育与传承，以及魔法的影响力是构建游戏深度和丰富性的关键要素。定义魔法类型和规则是至关重要的。不同的魔法类型，例如元素魔法、黑暗魔法及治疗魔法，都有其独特的特性和使用方法。元素魔法可能涉及火焰、冰冻和雷电等，具有各自独特的攻击效果和防御能力；黑暗魔法可能涉及诅咒、精神控制等，通常具有强大的控制和削弱敌人的能力；治疗魔法则专注于恢复生命和治愈伤害，帮助角色在战斗中保持生存。每种魔法类型的使用规则也需要明确，包括施法所需的材料、能量来源，以及施放时的冷却时间和能量消耗。这些规则不仅影响魔法的实际应用，还影响玩家在战斗和探索中的策略选择。

魔法教育与传承方面，游戏可以设置多样的学习途径。例如，魔法学院作为一种集中学习的机构，玩家可以在这里接受系统化的教育，学习基础和高级的魔法技能；导师则可以提供个人化的指导，帮助玩家根据自身的需求提升技能；古代卷轴和遗迹则能提供珍贵的魔法知识和技能，玩家通过探索这些地方可以解锁隐藏的魔法秘密。[①] 这些机制可以让玩家在游戏中体验魔法学习的过程，从而增强游戏的沉浸感和丰富度。魔法对环境、战斗和社会的影响可以显著改变游戏的动态。例如，强大的魔法可以引发自然灾害、改变地形，甚至对社会结构产生深远的影响。魔法的使用可能导致环境的变化，如火焰魔法引发火灾，冰冻魔法使某些区域变得寒冷；也可能改变社会结构，比如通过强大的治疗魔法改善公共卫生，或者通过黑暗魔法的操控影响政治权力。通过设定这些影响力，玩家能够体验到魔法在游戏世界中的广泛作用，并在游戏中做出决策。

（二）奇幻生物与种族

生物设计、种族特色以及种族互动是丰富游戏体验的重要方面。生物设计涉及创造各种奇幻生物，例如龙、精灵、巨人和魔兽等。每种生物应具有独特的特性和行为模式，以增强游戏的幻想色彩和动态。例如，龙可以具备强大的飞行能力和喷火技能，作为顶级的敌对生物或盟友；精灵则可能以高超的箭术和对自然的深刻感知能力而闻名，能够在战斗和探险中发挥关键作用；巨人可能以强大的力量和巨大的体型影响战斗；魔兽则可能拥有变形或魔法攻击能力。每种生物的设计不仅要考虑其外观和能力，还需设计其在游戏中的行为模式和互动方式，使其与玩家的体验相辅相成。

种族特色方面，设计不同种族时需要为其赋予独特的文化、技能和背景故事。不同种族的特色可以体现于他们的外貌、能力、社会结构、信仰体系和历史背景。例如，矮人种族可能以其精湛的锻造技术和地下城市的建筑闻名，具有坚固的防御和工艺技能；精灵种族则可能与自然和魔法力量紧密相

① 朱玥玓、于延、闫欢：《国产游戏中的中国元素融入》，《黑龙江科学》，2015 年第 6 期，第 52-52 页。

关，他们可能生活在森林中，拥有强大的自然感知能力和魔法技能。通过设定这些独特的文化和背景，玩家能够更好地理解每个种族的角色和其在游戏中的作用。种族间的关系可以包括联盟、敌对、贸易和外交等，这些关系会直接影响到玩家的任务和剧情发展。例如，玩家可能需要在不同种族之间建立联盟以完成某个重要任务，或者在种族之间的敌对关系中找到解决冲突的方法。种族的互动也可以体现在社交活动中，如通过贸易获取稀有资源，或通过外交谈判解决争端。这些互动不仅增强了游戏的策略深度，也提升了玩家在游戏中的参与感和沉浸感。

二、科幻世界观的设计

（一）未来科技

在科幻游戏世界中，科技突破了现实世界的限制，展现出高度先进和富有创意的技术。高科技设备如激光武器、反重力装置和智能机器人为游戏带来了丰富的互动和策略选择；激光武器可以提供精准打击和长距离攻击，改变战斗方式；反重力装置让玩家能够在空中飞行或飘浮，打开新的战术选择和探索区域；智能机器人则能够在任务中充当助手，完成复杂的操作或提供信息，增强游戏的互动性和功能性。每种设备不仅需要具备独特功能，还需设计合理的使用机制和限制，以确保其在游戏中的平衡与挑战。人工智能（AI）在科幻游戏中常具有高度智能和自我意识，超越简单的程序或算法。例如，自我意识的机器人可能具备独立思维和情感，能够进行复杂决策和互动，成为玩家的盟友或对手。虚拟助手则能提供实时信息和支持，帮助玩家完成任务或解决问题。这些 AI 角色能够深刻影响游戏的剧情发展和玩家决策，增加游戏的深度和复杂性。设计这些 AI 时需要考虑其行为模式、对话系统和互动机制，确保其表现自然且具有挑战性。

先进交通如超光速飞船、传送门和高速列车可以显著改变玩家的移动方式和探索体验。超光速飞船允许玩家快速穿越星际空间，探索遥远的星系和星球；传送门提供即时空间移动，改变游戏的地理布局和战斗策略；高速列车在巨大城市或广阔行星表面上提供快速旅行方式。每种交通方式需设计独特功能和操作机制，以适应游戏世界的设定和玩家需求。这些科技要素不仅丰富了游戏的技术层面，也深刻影响了玩家的游戏体验和策略。科技的引入提升了游戏的沉浸感和未来感，挑战了玩家的思维和操作能力，并增加了游戏世界的复杂性和多样性。在设计这些科技时，需要考虑如何与游戏的整体机制和故事情节结合，确保科技元素自然融入游戏体验中。

（二）外星文明

外星文明的设计为游戏世界增添了神秘和未知的魅力。外星种族的创造需要考虑它们的外貌、文化、社会结构和技术水平。每个外星种族应具有特性和背景故事，以丰富游戏的叙事和角色互动。例如，某些外星种族可能专注于生物科技，能够进行基因改造和生物合成，而其他种族可能掌握了先进的精神力量，能够进行心灵感应或精神控制。这些外星种族不仅要有独特的外观，还要有特定的社会结构、政治体系和与玩家互动的方式，例如外交、贸易或冲突。可以设计奇特的地貌，如悬浮的岛屿、发光的山脉或水下城市，创造出与地球截然不同的视觉体验。气候条件可能包括极端的温度、强烈的辐射或异常的天气现象，这些都将影响游戏中的探险和生存机制。

外星植物和生物的设计也应考虑到它们对环境的适应性，例如巨大的漂浮植物、发光的昆虫或拥有防御机制的异星动物。每种外星文明可能有自己独特的语言和文字系统，这些可以作为游戏中的谜题或沟通方式。艺术形式可能包括异星的音乐、绘画和建筑风格，这些文化特色可以通过任务、互动和环境展示出来，丰富玩家的探索体验。这些设计要素应紧密结合，以创造一个充满活力和深度的外星世界。外星种族、环境和文化的多样性不仅提供了丰富的游戏内容，还促进了玩家的沉浸感和探索欲望。在设计这些要素时，需要考虑如何与游戏的整体叙事和机制相结合，确保每个方面都能自然地融入游戏体验中，增强游戏的深度和吸引力。

三、历史世界观的设计

（一）历史背景

历史背景为游戏提供了丰富的时代设定和具体的情境，这不仅有助于构建真实感，还可以为玩家的探索和互动提供深度和背景。时间节点的选择直接决定了游戏的整体风格和环境。在中世纪设定中，玩家可以探索封建制度、骑士精神以及城堡和骑士的冲突；在近代设定下，游戏可能涉及工业革命的科技突破、帝国扩张以及社会变革；而在现代或未来设定中，游戏则可以展示先进科技、全球化趋势及现代政治经济问题。历史事件可以为游戏的背景和任务线索提供实际基础。例如，游戏可能以真实历史战争（如二战或古代罗马战争）为背景，玩家的任务可以包括参与历史战役、策略部署或影响战局。游戏中的任务可以围绕历史人物的行动展开，例如参与某位重要政治家的政策制定或战争决策。

历史中的重大政治变革也可以作为游戏的核心情节，引导玩家体验这些事件的起伏和影响。社会结构的设定包括当时的政治体系、社会阶层、经济活动和法律制度。例如，在封建社会的游戏世界中，玩家可能需要与不同的阶层如领主、骑士和农民互动。游戏中的国家形式（如王国、帝国或共和国）将影响游戏中的权力中心和治理方式。在经济活动方面，玩家可能会参与农业生产、贸易或手工业，这些活动直接反映了当时的经济状况。法律制度的设计则可以决定游戏中的社会秩序和玩家行为的规范，例如如何处理犯罪、诉讼和社会纠纷。

（二）文化与社会

文化与社会元素为玩家提供了丰富的沉浸感和背景深度，帮助其重现特定历史时期的真实氛围。文化特征的设计包括服饰、建筑风格、艺术形式等。例如，在古代埃及设定的游戏中，玩家可以看到金字塔、神庙和古埃及特有的象形文字。这些文化特征应当与历史背景紧密契合，以确保游戏世界的真实性和连贯性。社会习俗的设计包括与特定历史时期相关的日常生活和社会活动。例如，在中世纪欧洲设定的游戏中，玩家可以体验当时的饮食文化（如面包、肉类和啤酒），参与节庆活动，感受家庭结构（如家族继承和婚姻安排）和社会交往（如骑士对决和贵族社交）。通过这些习俗，玩家不仅能了解到那个时期的生活方式，还能在游戏中体验到更加生动的互动和情境。游戏中可以使用符合历史背景的语言或方言，如古英语、拉丁语或中世纪法语，来增加历史真实性。如果玩家不熟悉这些古老的语言，游戏可以通过字幕和翻译来帮助其理解和交流。这种语言的使用不仅增加了游戏的真实感，还能让玩家更深入地体验历史文化的独特性。这些细节不仅提升了游戏的深度和真实感，还能丰富玩家的历史知识和文化体验。

通过精心设计的文化特征、社会习俗和语言交流，玩家能够在游戏中充分体验到特定历史时期的独特魅力。

第四节　红色世界观的推演

一、红色经济体系的设定

（一）资源分配与计划经济

中央计划的设定可以通过建立一个强大的中央计划机构或政府机关来实现。这个机构负责制订和发布全面的经济计划，包括生产目标、资源配置和社会福利等。例如，游戏中可以设置一个中央计划委员会，玩家需要遵守委员会制定的各种经济政策和计划。这些计划可能包括生产某些关键资源的目标、分配资源的优先级，以及设定社会福利项目如教育和医疗的目标。玩家的任务可能涉及在这些计划下有效地管理资源，确保生产和分配的目标得以实现，并且需要处理计划实施过程中出现的问题和挑战。游戏可以设计多种资源分配规则和机制，以体现计划经济的特点。例如，可以引入配给制度，玩家需要按照中央计划的要求进行资源分配，确保每个社会层级或区域获得足够的资源。资源控制可能包括对关键资源的集中管理，防止资源浪费和不公平分配。玩家可能需要根据国家的需求调整生产和分配策略，处理资源短缺或过剩的问题。玩家可以通过参与生产计划的制订和实施，影响经济活动的效率和效果。例如，在游戏中，玩家可能需要制订和执行生产计划，调整生产设施的运作，优化资源的使用，从而支持国家的经济发展和维护社会稳定。

（二）国有化与集体化

国有企业作为经济体系的核心，可以在游戏中设定多个由国家控制的关键经济部门。这些部门包括工业、农业、交通等领域。玩家可能需要直接管理和运营这些国有企业，确保它们按照国家的经济计划和政策要求运行。例如，玩家可以负责监督国有工业的生产线，制订生产计划，优化资源利用，以及解决生产过程中出现的技术或管理问题。[①] 玩家还需要处理这些企业在经济活动中遇到的各种挑战，如供应链中断、生产效率低下或市场需求变化。在集体化的农业生产系统中，游戏可以设计集体农庄或合作社，以反映集体农业的特点。玩家可能需要参与集体农庄的管理和运营，规划农业生产、分配粮食、管理农田和处理集体农业中的各种问题。例如，玩家可以设计农业生产计划，决定种植的作物种类和数量，协调集体成员的工作安排，解决生产过程中遇到的挑战，如天气变化或病虫害的影响。游戏中可能设有集体农庄的运营目标和评估指标，玩家需要在这些目标下有效地管理资源，确保集体农庄的生产和分配能够满足国家的需求。游戏中的国有化和集体化元素能够真实地体现计划经济体制下的经济管理和资源分配方式。玩家将体验到在一个国家控制和集体管理的经济体系中进行战略规划和资源优化的复杂性。这种设计不仅增强了游戏的策略深度，还让玩家在模拟和管理的过程中感受到计划经济体制的独特运作方式。

---

① 吴家晖：《游戏角色的设计感与大众审美》，《艺术科技》，2013 年第 26 期，第 445 页。

二、红色政治结构的设计

在游戏中，红色政治结构的核心特征可以通过以下方式展现。游戏中的中央委员会作为决策和政策制定的核心机构，将负责游戏中一个国家整体的主要事务。玩家可能需要与这一委员会互动，执行其决策，或者扮演其中的角色，参与重要的政策制定和管理。游戏中的最高负责人将拥有至高无上的政治权力。这个角色的决策将直接影响游戏世界的发展并对玩家的任务和行动产生重要影响。游戏中将设有多个政府性质的部门，这些部门负责不同领域的管理和政策执行，如经济、军事、教育和卫生等。玩家可能需要与这些部门合作，处理各种政府事务，确保各项政策得到有效实施。此外，在游戏中地方政府或地方党委的设定将使玩家能够在地方层面上管理和实施政策，解决地方问题，并向中央政府报告情况。游戏中将设计专门的监察机构，负责对政府和党的活动进行监督和审查。在游戏中这些机构将审查经济管理、政治活动和社会事务，确保一切行动符合党的方针政策。审查与惩罚机制也将被设定，以对不符合党和政府要求的行为进行调查和惩罚。玩家可能需要处理内部审查任务，处理违纪行为，并确保所有操作都符合党和政府的规定和要求。

三、红色文化背景的塑造

红色文化中的主要价值观不仅在游戏的剧情和角色对话中有所体现，还可以通过任务目标和游戏机制展示。例如，玩家可能会接受任务来执行符合这些核心思想的行动，或者在游戏的决策中考虑这些理念的影响。宣传与教育机制也将用于展示红色文化的核心理念。游戏中可以设置宣传海报、教育课程和思想讲座，让玩家在互动中学习和理解这些理念，增强游戏的沉浸感。历史事件与红色文化相关，如革命、战争和建设，能够为游戏设定主要剧情线索或任务背景。这些事件不仅丰富了游戏的故事情节，还帮助玩家了解红色文化的历史背景。历史人物的引入则使玩家能够与重要的革命领袖、政治家或社会活动家互动，了解他们的思想、贡献和对历史的影响。这些人物可以作为游戏中的关键角色，推动剧情发展或提供任务和挑战。在游戏中，组织机构如农民合作社将展示与红色文化相关的社会结构。玩家可能需要与这些组织互动，完成任务或处理组织内部的事务。社会阶层设计则包括工人、农民和知识分子等角色，展示他们在红色文化背景下的社会地位和生活方式。这些设计可以帮助玩家更好地理解游戏世界中的社会结构及其运作模式。

第四章

世界观的基本形成

第一节　客观世界观包含的主要元素

一、自然环境元素

（一）地形特征

地形特征在游戏世界中起着至关重要的作用，它们不仅塑造了游戏的物理环境，还深刻影响了玩家的游戏体验和策略选择。地形类型包括山地、盆地、平原、丘陵、高原，自然景观如河流、湖泊和海洋等，这些地形类型和自然景观构成了游戏世界的基础布局。山地和丘陵提供了天然的屏障，可以阻碍玩家的移动，并可能隐藏着珍贵的资源或秘密地点；平原则提供了开阔的视野和较为平坦的区域，适合进行大规模的战斗或建立基地；河流和湖泊不仅为游戏世界增添了自然美景，还可能成为战略要地，影响玩家的移动和资源获取；海洋则提供了广阔的探索空间，可以设定为航海、贸易或海战的舞台。地形细节如地形的起伏、沟壑，岩石和植被等，增强了游戏世界的视觉层次感和真实感。[①] 地形的起伏和沟壑使得地表更加立体，为玩家提供了掩体和战略高地。岩石和植被的设计不仅美化了游戏环境，还为玩家提供了障碍和隐藏点，这些细节能够影响玩家的视野和行动策略。例如，在森林中，

① 曹婷婷：《浅谈课程游戏化中的科学探索活动》，《教师》，2022 年第 2 期，第 66–68 页。

茂密的树木可能会阻碍视线，给玩家的潜行和探险带来挑战；而在沙漠中，稀疏的植被和沙丘则可能影响玩家的导航和资源获取。起伏不平的地形可能导致战斗中的高地优势，玩家需要在不同的地形中制定相应的战术；而河流和湖泊的存在可能引入水上交通或水域战斗的机制。丰富的地形细节还可以增强游戏的探索体验，玩家可能需要攀爬山脉、穿越丛林或绕过沼泽来完成任务或发现隐藏的宝藏。

（二）气候与天气

气候和天气系统在游戏环境中的作用至关重要，它们不仅塑造了游戏世界的生态系统，还直接影响玩家的体验和游戏的互动性。气候类型定义了游戏世界中区域的长周期气候条件，包括温带、热带、寒带和干旱等。每种气候类型对环境的生态系统和生物种类均具有独特的影响。例如，温带气候四季分明，植被生长和动物活动均受季节影响；热带气候则常常有湿润的雨林和丰富的生物多样性；寒带气候覆盖着冰雪，生物和资源极为稀少；干旱气候则可能形成广阔的沙漠，生态系统相对单一。通过这些气候类型，游戏可以创建具有独特环境特点的区域，为玩家提供多样化的探索体验。天气变化不仅增强了游戏世界的沉浸感，还对玩家的游戏体验产生实际影响。例如，晴天可能让玩家的视野开阔，方便探索和战斗；雨天则可能使地面湿滑，影响角色的移动速度和战斗表现；雪天可以覆盖地面，使得环境变得更加严酷，同时也可能影响角色的体温和健康状态；雾霾天气则可能降低能见度，增加游戏中的挑战和神秘感。天气系统还可以影响角色的行为和任务进程，如在暴风雪中，玩家可能需要寻找避难所；在雨中，某些任务可能变得更加困难或复杂。在设计气候和天气系统时，考虑其对游戏机制的影响是关键。例如，天气变化可以引入动态环境挑战，要求玩家调整策略和战术。气候类型则帮助定义不同区域的游戏风格和目标，提供丰富多样的游戏内容和任务。通过综合这些因素，游戏可以创建一个生动、互动性强的世界，让玩家在多变的环境中享受更深层次的游戏体验。

（三）生态系统

在游戏中，生态系统的设计不仅关乎视觉美学，还影响玩家的互动方式和游戏体验。植被和动物构成了游戏世界的自然环境，对它们的详细设计及其动态行为为游戏带来了深度和复杂性。植被种类多样，从郁郁葱葱的森林到广袤的草地，以及密集的灌木丛等，每种植被类型都对环境具有独特影响。

森林不仅提供了丰富的资源，如木材和药草，还可能成为玩家探索的挑战区域。树木的不同高度和种类可以创建多层次的视角，使得游戏世界更加立体。此外，森林中的光影变化、季节性变化以及不同的植物种类为玩家提供了多样的视觉体验和资源采集机会。例如，特定的药草可能仅在特定季节或光照条件下生长，鼓励玩家在游戏中随时间变化而进行探索和采集。玩家可以在草地上进行农业活动，如种植和收获作物，或者进行牧养，为角色提供所需的食材和材料。

草地的设计不仅包括生长的植物，还可能包括地形变化，如小丘陵和流水，使得环境更具多样性。草地上的资源分布可能影响玩家的战略决策，例如在农业区建立营地或在草地上进行放牧活动。

灌木丛可以隐藏宝藏、敌人或任务物品，增加了探索的刺激和发现的乐趣。此外，灌木丛的设计可以影响玩家的战斗策略，比如提供掩体或作为敌人埋伏的地方。玩家需要学会利用这些自然障碍进行潜行或躲避敌人的追击。

不同类型的动物，如鸟类、哺乳动物和昆虫，具有各自的行为模式和生态角色。鸟类的迁徙、筑巢和觅食行为不仅增加了环境的真实性，还可以成为玩家任务的一部分。例如，玩家可能需要追踪某种鸟类以找到隐藏的资源或完成特定的任务。哺乳动物，如鹿、狼和熊等，则提供了更多的互动机会。玩家可以选择捕猎这些动物以获取资源，或在面对这些动物时需要制定策略以保护自己。不同动物的行为模式，如猎食、社交和繁殖，也为环境的动态变化提供了基础。

昆虫的活动，如授粉、土壤改良和作为其他动物的食物链一部分，同样影响植物的生长和生态平衡。

玩家可以通过观察昆虫来发现隐藏的资源或完成特定的任务，比如寻找稀有昆虫来制作药剂或解锁隐藏的区域。对生态系统的详细设计不仅提升了游戏世界的真实感和沉浸感，还为玩家提供了丰富的互动机会和挑战。通过设计多样化的植被和动物，以及它们的行为和生态关系，游戏世界变得更加生动和复杂，即为玩家创造了一个充满活力和变化的游戏环境。这种设计不仅增加了游戏的趣味性和探索乐趣，还激发了玩家对游戏世界的好奇心和参与感。

二、社会环境元素

在构建游戏世界时，社会结构、文化与习俗、经济系统和政治体制是四个关键的要素，它们共同塑造了游戏世界的复杂性和深度。社会阶层的设定，例如贵族、平民、工人、商人等，不仅决定了角色的地位和资源获取，还影响了角色在社会中的定位和任务类型。不同阶层的角色可能会有不同的技能和资源，这将影响他们的任务和故事线。社会组织形式，如家庭、部落、帮派或公司，也为游戏世界增添了层次和复杂性。

家庭和部落通常有紧密的社会联系和传统，而帮派和公司则可能涉及更复杂的权力斗争和经济活动。这些组织形式影响着角色之间的社交互动，任务系统和游戏中的联盟或对抗。传统习俗如节庆、仪式和礼仪，不仅增添了游戏世界的背景深度，还可能直接影响游戏中的事件安排和角色的行为。例如，某些节庆可能会带来特殊的任务或事件，角色需要参与这些活动来获得奖励或推动剧情发展。文化活动如节日庆典、艺术表演和市场活动，提供了玩家与游戏世界互动的机会，使他们能够体验和融入游戏中的文化氛围。这些活动不仅丰富了游戏的内容，还增强了玩家的沉浸感。货币系统和交易机制如商店和市场，让玩家能够获得所需的资源和物品。

经济系统的设计影响了玩家的资源管理策略以及与其他角色的互动。生产与消费的过程，包括资源的采集、加工和消费，决定了游戏世界的经济发展和资源分布。例如，玩家可能需要通过开采矿石、种植作物或制造物品来支持他们的角色发展，这些活动也可能影响游戏世界的经济状况。

政府形式如民主、独裁或君主制，影响游戏中的政策、法律和社会管理。每种政府形式都具有不同的权力结构和管理机制。例如，民主制度可能涉及选举和公民参与，而独裁制度则可能集中权力于单一领导者。权力机构如政府部门、议会和法院，提供了角色与游戏世界中的权力阶层互动的机会。玩家可能需要与这些机构合作或对抗，处理政治事务和采取某些决策，影响游戏世界的政策和社会发展。

三、科技与魔法元素

（一）科技元素

科技发展水平在游戏设计中决定了游戏世界中的技术进步和设备配置。设定科技的进步程度可以从原始工具到高度先进的科技，以形成具有层次的科技体系。

游戏世界的科技发展水平可以分为几个阶段，从基础工具到复杂的高科技系统。这些阶段决定了游戏中的设备、武器和交通工具的种类和功能。例如，在原始阶段，玩家或许只能使用简单的石器和木制工具，这些工具在战斗、采集和建造中发挥基本作用。随着科技的发展，玩家可以逐步解锁更复杂的设备和武器，如金属制武器、火药武器等。这些科技进步会显著提升玩家的能力和游戏体验。

在中级科技阶段，玩家可能会接触到蒸汽动力、早期电力和基础机械设备。这些技术的引入可能会改变游戏中的交通方式，例如使用蒸汽火车代替步行或骑马，或使用早期的机械工具提高资源的采集效率。中级科技还可能带来新的战斗系统，如火箭和炸药，使玩家能够面对更强大的敌人和挑战。游戏世界可能引入现代或未来技术，如激光武器、智能机器人和反重力装置。这些高级技术将极大地改变游戏的动态，为玩家提供全新的战斗和探索体验。激光武器可以提供精准的打击，而智能机器人则可以作为助手或敌人参与战斗。反重力装置和未来交通工具（如飞行器、传送门）将显著提升玩家的移动方式和探索能力，使得游戏世界变得更加广阔和多样化。

在高科技阶段，资源的生产和分配可能依赖于复杂的自动化系统和先进的制造技术。社会和经济活动将围绕这些高科技系统展开，玩家的任务可能涉及科技研究、设备升级和资源管理等方面。

（二）魔法元素

1. 魔法类型

科技社会的设定涉及科技对城市发展、经济增长和生活方式的深远影响。科技进步不仅会改变游戏世界的物理环境，还会深刻影响玩家的互动和体验。城市将经历从基础设施升级到城市扩展的变化。例如，玩家将看到智能交通系统、高效的能源供应和先进的建筑材料的引入，这将改变城市的外观和功能，可能出现未来世代的摩天大楼、智能建筑和自动化公共设施。此外，科技的影响还可能引起环境变化，如城市绿化、高科技环保设施和气候调节系统，游戏中的城市可能变得更加环保或面临科技带来的环境挑战，如污染、资源枯竭。

经济方面，科技进步将改变资源管理、产业发展和经济体系。例如，玩家将能够利用自动化矿场、高效的农业设备和智能物流系统来管理资源，这将提升生产力和经济效益。新兴产业如虚拟现实、人工智能和新能源产业的崛起将推动经济结构的变化，创造新的商业机会和经济增长点。

科技的发展可能引发经济体系的变革，如数字货币的普及、智能合同的应用和自动化金融系统的引入，玩家可能需要适应这些变化，管理新的经济工具和系统。高科技设备如智能家居、虚拟现实娱乐和高科技医疗设备将改变玩家的日常生活，同时带来便利和挑战。

社交方式也将发生变化，虚拟社交平台、增强现实互动和智能助手的使用将提供更丰富的社交体验。文化和娱乐活动也将受到科技的影响，虚拟音乐会、沉浸式戏剧和高科技运动项目将成为游戏中的新亮点，为玩家提供多样化的文化创新和娱乐方式。通过设定科技进步的不同阶段，游戏能够展现科技如何全面改变游戏世界，为玩家提供深度的玩法和互动体验。

2. 魔法物品

魔法类型的设计可以通过多种方式丰富其效果和使用方式。元素魔法包括火、冰、电等不同类型，每种元素魔法都具备独特的效果和应用场景。火焰魔法可能引发爆炸，造成持续的火焰伤害，影响敌人的生存状态；冰冻魔法则能够减缓敌人的移动速度，甚至将其冻结在原地，限制其行动能力；电击魔法可以瞬间对敌人造成电击伤害，有可能使敌人麻痹，使其短时间无法行动。不同元素的组合或变化还可能创造出复合效果，例如火与冰的结合可能产生蒸汽爆炸，对敌人造成额外的伤害。治疗魔法专注于恢复生命值和解除负面状态，能够快速恢复受伤角色的健康，解除中毒、诅咒或其他负面状态。

治疗魔法也可以用于复活倒下的队友，或者在关键时刻提供护盾，减少受到的伤害。高级治疗魔法可能具备群体治疗的能力，能够同时治疗多个队友，或在战斗中提供额外的保护和支持。诅咒魔法则用于施加各种负面效果，例如降低敌人的攻击力、防御力或速度。诅咒魔法能够使敌人中毒，造成持续的伤害，或者使敌人瘫痪，使其短时间内无法行动。此外，诅咒魔法还可能通过黑暗魔法影响敌人的视力或精神状态，使其难以集中注意力，增加战斗中的困难。这些魔法类型的设计不仅丰富了游戏的魔法系统，还为玩家提供了多样的策略和战术选择。

第二节　主观世界观的内容

一、角色的价值观

（一）价值观的定义

角色的价值观在游戏中是塑造角色行为和决策的核心因素，这些因素共同影响角色在游戏中的行为、选择和发展。

角色的道德观决定了他们如何看待善恶、正义与不公。一些角色可能坚守正义，即使面临巨大的风险，也会保护弱者并打击邪恶。他们可能拒绝贿赂、暴力或欺骗，严格遵守道德准则。这类角色在游戏中可能表现出坚定的领导力和牺牲精神，其行为和决策会深刻地影响剧情的发展和其他角色的反应。而另一些角色可能将个人利益置于道德标准之上，他们在面对道德困境时可能选择妥协，甚至参与阴谋、背叛或其他不道德行为。这样的角色在游戏中往往会成为反派或奸雄一类，他们的行为会引发复杂的道德冲突，影响游戏的结局和玩家的体验。

某些角色可能重视社会阶层和权力关系，尊重上层阶级的权威，而忽视或轻视下层阶级的需求。他们的行为可能会受到社会地位的驱动，导致他们在与不同阶层的角色互动时展现出不同的态度。相比之下，另一些角色可能更加关注平等和公正，积极参与社会改革，挑战不平等现象。他们可能在游戏中推动社会进步，反对压迫和不公，这会影响他们与游戏世界中各种社会组织和角色的关系。

角色的社会观使得游戏中的社交互动更加丰富和多样，提供了不同的任务和剧情发展方向。一些角色可能追求个人荣誉，通过英雄般的冒险提升自己的名誉和地位，他们的目标可能是成为传奇人物，获得广泛的认可和尊敬；另一些角色则可能更加注重财富积累，他们通过商业、交易或其他方式建立自己的财富帝国，他们可能对金钱和资源有强烈的追求，以此来实现自己的梦想或生活方式；此外，还有一些角色可能重视家庭幸福，把家庭和亲密关系放在首位，他们的选择可能会优先考虑家庭利益，反映出对个人关系和家庭责任的高度重视。这些人生观的设定使得角色在游戏中的决策和目标设定变得更加多样化和个性化，影响他们的行为动机和生活方式。

（二）角色价值观的影响

角色的背景故事常常揭示了他们价值观的形成过程。例如，一个角色可能经历了战争、家庭变故或其他重大事件，这些经历塑造了他们对和平、正义或财富的看法。如果一个角色曾经是战场上的英雄，经历了战争的残酷，他可能深信和平的重要性，并将其作为自己行为的核心原则。背景故事不仅为角色的动机提供了深度，还帮助玩家理解角色的价值观影响他们的决策和行为。在游戏中，玩家可以通过选择不同的对话选项来反映角色的价值观。这些选择会直接影响角色与其他角色的互动和关系发展。例如，当面对道德困境时，玩家可能会选择支持正义，或者选择妥协以获取个人利益。这些选择不仅影响游戏的剧情走向，还塑造了角色的形象和他们在游戏世界中的地位。

通过对话选项，玩家能够看到角色的价值观如何在不同的情境中体现出来。角色的行为和决策直接反映了他们的价值观[①]。

通过观察角色在关键时刻的选择，玩家能够更深入地理解角色的价值观以及这些价值观对行动的驱动作用。角色特质和技能也可以体现角色的价值观。例如，一个角色可能拥有“正直”或“忠诚”的特质，这些特质影响他们在游戏中的行为和决策。正直的角色可能会在面对诱惑时坚持自己的原则，而忠诚的角色可能会在关键时刻支持他们的盟友。这些特质不仅定义了角色的行为模式，还为角色在游戏中提供了独特的技能和能力，使他们在面对挑战时能够依靠自己的价值观来做出决策。

（三）价值观的表现方式

在设计和塑造角色的价值观时，可以通过设定核心价值观、构建背景故事、设计互动和冲突以及影响游戏机制来确保这些价值观在游戏中得到深刻且一致的体现。需要明确角色的核心价值观，这些价值观是角色的核心信念和原则，将直接影响他们的行为和决策。例如，一个角色可能坚持正义并致力于保护弱者，这种价值观将驱动他们在面临选择时总是站在公平的一方；另一个角色可能重视个人自由和权力，这将使他在游戏中倾向于追求权力和控制。

明确这些核心价值观不仅为角色的行为提供动机，也为角色与角色之间以及角色与游戏环境之间的互动奠定基础。通过详细描述角色的成长经历、家庭背景、社会环境和个人遭遇，可以帮助玩家理解角色为何形成了当前的价值观。例如，一个角色可能因为在战乱中失去了家人而对和平有着深刻的渴望，或者因为在贫困中长大而对财富和权力有着强烈的追求。背景故事不

① 杜孟琳：《游戏道具审美性设计原则探析》，《上海建桥学院学报》，2022 年第 3 期，第 53–56 页。

仅解释了角色的动机，还为角色的行为提供了情感上的支撑，使得角色在游戏中更加立体和真实。

在游戏中设计角色的互动和冲突，可以展示他们如何在不同情境下坚持或挑战自己的价值观。例如，一个角色可能在面对一个道德困境时选择放弃个人利益以保护公众利益，或者在面对压力时坚持自己的原则。

通过设置这些互动和冲突，玩家能够看到角色的价值观如何在实际行动中发挥作用，也能在游戏中体验到角色在面对道德或伦理抉择时的内心斗争。将角色的价值观融入游戏机制中，使其能够通过选择和行为系统得到体现。设计多样化的对话选项、任务选择和结果，允许玩家根据角色的价值观做出决策，从而影响游戏的进程和结局。例如，玩家可能会遇到任务选项，其中一些选项与角色的核心价值观一致，而另一些则与之相悖。玩家的选择将影响游戏的剧情发展、角色关系和最终结局，确保角色的价值观不仅在剧情中得到体现，还能够实际影响游戏的整体体验和结果。

二、故事的主题

（一）故事主题的定义

主题不仅是故事的核心观念，还通过情节发展和角色塑造来传达其中心思想。第一，正义与邪恶。游戏中的冲突和任务可以围绕正义与邪恶的对立展开。玩家可能需要在面对邪恶势力时做出道德选择，决策将影响游戏世界的平衡。通过不同的角色立场和故事情节，游戏可以探索正义与邪恶的复杂性，以及这些概念对社会和个人生活的影响。例如，玩家可能要在一个充满道德模糊的世界中决定是否遵循法律或挑战现有制度，以实现更高的正义。

第二，爱与牺牲。爱和牺牲可以成为游戏中情感的核心。通过角色之间的关系发展和关键时刻的牺牲，游戏可以展示爱的力量及其对角色决策和情节发展的影响。例如，角色可能会为了保护自己爱的人而做出艰难的选择，或是为了实现一个更大的目标而放弃个人幸福。这种主题可以通过感人的故事线和角色互动来展现。

第三，成长与自我发现。游戏中的角色可以通过挑战和冒险经历实现个人成长和自我发现。角色在游戏过程中面临各种困境和考验，这些经历促使他们反思自我、克服内心的障碍，并最终实现个人成长。通过角色的成长弧线和关键决策，玩家可以体验到角色从青涩到成熟的变化，以及自我发现的过程。

第四，权力与腐败。游戏可以通过展示权力的腐败和道德堕落来探讨权力的影响。玩家可能会扮演一个掌握权力的角色，或者面对腐败的权力结构。游戏中的情节可以围绕权力如何改变角色的行为和道德观展开，探索权力对个人和社会的影响，以及权力滥用的潜在后果。

第五，自由与压迫。探讨自由和压迫的主题可以通过游戏中的政治和社会环境来体现。玩家可能需要在压迫的环境中争取自由，或者面对压迫制度做出反抗。通过设定自由与压迫的对立，游戏可以讨论个人自由的价值，以及在面对压迫时的选择和反应。这可以通过自由选择的机制和压迫下的反抗行动来实现。

（二）故事主题的表现方式

通过情节发展，游戏的情节发展是展现主题的主要方式。主题通过情节的推进来显现，游戏设计师可以通过精心编排的事件和任务链条，让玩家在解决主线任务时逐步理解和体验主题。例如，如果游戏的主题是“权力与腐败”，可以设计一个从普通公民到权力中心的晋升过程，玩家在这一过程中会遇到诱惑、背叛和道德困境，从而体现权力的腐蚀性。每一个关键决策和事件都围绕这一主题展开，使玩家在情节的发展中自然而然地感受到主题的深度。

角色是表达主题的核心载体。游戏中的角色通过他们的行为、选择和成长，展示出故事的主题。例如，如果游戏的主题是“爱与牺牲”，主角的旅程可能包括经历与其他角色的深厚关系，并在关键时刻做出牺牲以拯救他们。角色的背景故事、个人目标和内心冲突可以设计得与主题密切相关，角色的成长和变化不仅让玩家与角色产生共鸣，更强化了主题的表达。

角色的对话和独白为玩家提供了直接的主题阐释。游戏中的对话框和独白不仅推动情节发展，还可以揭示角色对主题的观点。例如，如果游戏探讨“自由与压迫”，角色可能会在对话中讨论他们对自由的渴望和对压迫的反抗，或者通过独白表达他们在面临压迫时的内心挣扎。这种直接的表达帮助玩家更清晰地理解故事的核心主题。象征和隐喻是通过间接的方式传达主题的强有力工具。

游戏中的特定物品、场景或事件可以作为主题的象征。例如，一座破旧的桥梁可能象征着人际关系的破裂，一个封闭的房间可能代表内心的孤独和压抑。通过这些象征和隐喻，游戏能够在视觉和情感上为玩家提供更深层次的主题体验。玩家在探索和解谜的过程中，能够逐渐理解这些象征的含义，从而感受到主题的深度和复杂性。

三、玩家的情感共鸣

角色的深度和复杂性是通过多维度的个性和背景展现的，每个角色应具备独特的优点和缺点，以及丰富的成长经历。这种深度的塑造让角色不仅仅是游戏中的一个工具，而是具有真实情感和动机的存在，从而让玩家更容易产生共鸣。

角色的情感发展同样至关重要，玩家能够体验到角色在面对挑战、成功或挫折时的变化，这种成长经历增强了玩家与角色之间的情感联系。角色的反应和行为需要展现真实感和可理解性，这样玩家才能与角色建立更深的情感联系。情节应包含能够引发强烈情感反应的元素，如爱、牺牲或奋斗等，这些元素能够让玩家对角色和故事产生深厚的情感联系。让玩家做出情感驱动的选择，并体验这些选择的实际后果，可以增加他们对故事的关注和投入。情感高潮时刻，比如悲剧性的事件或感人的重聚，可以引发玩家的强烈情感反应，使他们更加沉浸于游戏世界中。

音乐、视觉效果和音效可以用来强化游戏中的情感氛围，使玩家更容易沉浸在游戏中。

互动机制也是提升沉浸感的关键，让玩家的行为和选择直接影响游戏世界和角色，可以增加玩家对情节的投入和情感联系。同时，设定强大的角色关系网，能够增强玩家对角色命运的关注。情感驱动的任务和目标能够激发玩家的情感投入。例如，设计那些具有深层次情感意义的任务，让玩家感到他们的行动对角色或世界有重要影响，可以增强责任感和情感投资。

此外，允许玩家设立和追求个人的情感目标，如实现角色的梦想或保护所爱的人，也能增加玩家的情感投入。通过玩家反馈和情感分析来测试和调整游戏中的情感共鸣点是必要的。了解玩家在游戏中的情感反应，监测他们的行为和选择，可以帮助识别哪些部分的故事和角色能够有效引发情感共鸣，并指导未来的改进方向。

第三节　完整世界观

一、客观世界观与主观世界观的结合

（一）自然环境与角色体验的结合

自然环境不仅仅是背景，更是影响角色情感和行为的重要因素。例如，一个荒凉的沙漠环境可能会带来孤独和生存压力，而茂密的森林则可能引发探险的兴奋和恐惧。设计自然环境时，考虑其对角色情感和故事情节的影响，可以增强玩家的沉浸感。例如，夜晚的森林可以增添神秘和紧张感，辽阔的草原可以给予自由和开放的感觉。玩家能够更加沉浸在游戏世界中，感受到角色的情感变化和内心体验。

自然环境的多样性也可以为玩家提供不同的挑战和体验。例如，在寒冷的雪地中，角色可能会面临冻伤和食物短缺的危险，而在热带雨林中，角色可能需要应对毒蛇和恶劣的天气。通过设计多样的自然环境，游戏可以提供丰富的探索和冒险体验，同时也能通过环境的变化影响角色的行为和情感。例如，角色在面对恶劣环境时可能会变得更加坚强和勇敢，或者在面对美丽的自然景观时感到放松和欣慰。自然环境中的细节设计也能增强游戏的真实感和沉浸感。[1] 例如，通过细致描绘地形的起伏、植被的变化和动物的活动，游戏世界可以变得更加生动和可信。玩家在探索过程中，会被环境的细节吸引，感受到身临其境的感觉。同时，环境中的动态变化，如日夜交替、季节变换，也可以增加游戏的时间感和代入感，使玩家更深刻地体验到角色在这个世界中的生活。

动态天气系统可以反映角色的情感状态。例如，当角色感到悲伤或失望时，游戏中可能会出现阴雨天气，增加压抑和沉重的氛围；而当角色成功完成重要任务时，游戏可能会展示晴朗的天气和美丽的景色，以庆祝这一时刻，带来轻松和愉悦的感受。这样的天气变化不仅能增强玩家的情感体验，还能通过视觉和氛围的变化，引导玩家更深入地理解和感受角色的情感历程。

（二）社会结构与角色关系的结合

社会阶层与角色身份的设计可以直接影响角色的身份、地位和人际关系。通过构建一个分层明确的社会系统，玩家可以在游戏中找到自己角色的定位，并通过角色的行为和选择来改变或巩固这一定位。这种设计不仅增加了游戏的深度，还能为角色提供明确的动机和目标。例如，一个低阶层的角色可能会通过努力工作、完成任务和建立关系来提升自己的社会地位，而一个高阶层的角色可能会面临维护权力和应对竞争的挑战。社会阶层的动态变化可以为游戏情节和角色发展提供丰富的素材。

动态变化可以为游戏增添更多的深度和现实感，使玩家更加投入和共鸣。社会阶层与角色身份的设计可以通过背景设定、任务系统、互动机制和

① 耿富成：《基于 3D 角色游戏中 AI 引擎的设计研究》，《电子技术与软件工程》，2014 年第 20 期，第 91 页。

动态变化等方法实现。为每个角色设定详细的背景故事，包括他们的出身、成长经历和社会地位，这些背景设定可以解释角色的动机和行为，同时为玩家提供理解角色的线索。通过角色之间的互动和对话来反映社会阶层和文化背景，角色在与不同社会阶层的人物互动时，会表现出不同的态度和行为。设计一个动态的社会系统，让角色的行为和选择能够影响他们的社会地位和人际关系，角色完成某些重要任务或做出关键决策后，他们的社会地位可能会提升或下降。

不同的社会文化背景会深刻影响角色的信仰和价值观。在一个崇尚荣誉的社会中，角色可能会更加注重名誉和家庭责任，他们的行为和决策会反映这一信仰，例如为了维护家族荣誉而接受决斗或冒险。而在一个强调个人自由的社会中，角色可能会更加追求独立和创新，他们可能会反抗传统、探索新领域或追求个人梦想。通过文化背景来塑造角色的信仰和行为，可以使角色更加立体和真实，同时也可以为游戏中的冲突和故事情节提供丰富的素材。在这个世界中，角色的身份、地位和信仰不仅影响他们的行为和选择，还会与其他角色和事件产生交互。例如，一个角色可能因为某些行为而受到社会的赞誉或惩罚，或者因为信仰冲突而与其他角色产生矛盾。

（三）科技与角色技能的结合

科技水平与角色发展的设计可以极大地影响角色的技能和发展路径。例如，在一个高科技世界中，角色可能拥有先进的装备和技能，能够执行复杂的科技任务。他们可能会使用智能设备、机器人助手和高能武器，进行黑客攻击、数据分析和空间探索等任务。而在一个魔法世界中，角色则可能学习各种魔法技能，与神秘力量互动，掌握元素魔法、召唤术和占卜等技能。通过设定不同的科技水平，游戏可以提供多样化的发展路径，使角色能够根据环境和故事情节的发展，选择不同的技能和装备，从而增加游戏的多样性和趣味性。

角色的背景故事可以解释他们为何掌握特定的科技或魔法技能，以及这些技能在他们的世界中有何重要性。任务设计可以围绕科技水平展开，例如高科技世界中的角色可能需要完成一些涉及复杂技术的任务，而魔法世界中的角色则可能需要探索神秘的遗迹或对抗魔法生物。技能树的设计也可以反映科技水平，通过解锁不同的技能和装备，让角色在游戏中不断成长和进步。

科技不仅是工具，还可以成为角色情感体验的一部分。例如，角色可能因为使用高科技装备而感到自信和强大，他们在战斗中使用先进武器或完成高难度任务时，会体验到成就感和满足感。然而，当角色失去科技支持时，可能会感到无助和恐惧。例如，一个依赖于先进设备的角色在设备失灵或被破坏时，可能会面临极大的挑战和危机感。通过科技与情感的互动，可以增强角色的情感深度，让玩家更容易与角色产生共鸣。

在设计过程中，可以通过以下方法实现科技与角色发展的结合，通过详细的背景设定和世界观构建，明确游戏中的科技水平和其对角色发展的影响。设计多样化的技能树和装备系统，让角色能够根据科技水平选择不同的发展路径。通过任务设计和情节推进，展示科技在角色成长中的重要性和影响力。通过角色的情感反应和故事情节，展示科技对角色心理和情感的影响，使玩家能够体验到科技带来的情感变化和共鸣。

二、如何平衡客观世界观与主观世界观

（一）统一的世界观设定

背景设定一致，确保客观世界观和主观世界观在背景设定上具有一致性是塑造沉浸感和角色深度的关键。对于一个魔法世界，所有角色的信仰、

行为和情感都应与这个世界的规则和文化相符。例如，角色可能会相信魔法的力量、尊重魔法师的权威，并遵循魔法世界的道德和法律。这样的设计不仅使游戏世界更加连贯，还能让玩家在体验角色时感受到一种自然的契合感。角色的言行举止、穿着打扮以及他们对世界的理解和反应，都会因这种一致性而变得更加真实可信。这种设定确保了游戏世界的每一个细节都能与角色的背景故事、动机和信仰紧密结合，从而构建出一个完整而生动的虚拟世界。

历史与传说的融合，将游戏世界的历史和传说与角色的个人故事和信仰相结合，可以丰富游戏的背景深度和情节复杂性。例如，角色可能会因为祖辈曾在历史事件中发挥重要作用而受到崇敬，或者他们的家族信仰与古老传说密切相关。这样的设定使角色的行为和选择受到历史事件或传说故事的影响，让玩家在宏观和微观两个层面上更好地理解和体验游戏世界。历史背景和传说故事不仅提供了丰富的背景信息，还可以成为驱动情节发展的重要因素。角色的动机、目标和行动可以直接与这些历史和传说相连，使玩家感受到角色的决定和命运是如何被这些宏大的背景影响和塑造的。这种方法不仅增强了角色的动机和背景，还为玩家提供了更多探索和发现的机会。玩家可以通过解锁历史秘密或揭示传说真相来获得更深的游戏体验，同时这些元素也能增加游戏的神秘感和吸引力。

（二）情节与设定的相互促进

情节推动设定，利用情节的发展来揭示和丰富客观世界观是游戏设计中的关键策略之一。通过角色的冒险和探索，玩家可以逐渐了解游戏世界的各个方面，例如地理、社会结构和科技水平。角色可能会穿越不同的区域，从繁华的城市到荒凉的荒野，每个地方都有其独特的文化、历史和挑战。在探索过程中，角色可以发现古老的遗迹、神秘的传说和隐藏的秘密，这些都为游戏世界增添了深度和真实感。随着情节的发展，玩家不仅会对角色的故事产生兴趣，还会对整个游戏世界的背景和设定产生浓厚的好奇心和探索欲望。

设定支持情节，确保客观世界观中的设定支持和增强主线情节的发展是创建一个连贯且引人入胜的游戏体验的另一个重要方面。例如，一个充满政治阴谋的世界可以为角色的个人成长和道德选择提供丰富的情节素材。角色可能需要在不同的政治势力之间做出艰难的选择，面对背叛、阴谋和权力斗争。角色的决策不仅会影响他们自己的命运，还会对整个游戏世界的政治格局产生重大影响。设定不仅为情节提供了坚实的基础，还为玩家提供了一个充满张力和复杂性的故事环境，使他们能够深入体验角色的成长、挑战和转变。此外，还可以通过丰富的背景故事和详细的世界构建来增强情节的发展。例如，通过详细描述的历史事件、社会制度和科技水平，玩家可以更好地理解角色所处的环境和他们所面临的挑战，从而更加投入地参与到游戏中。

三、案例分析

（一）《巫师 3：狂猎》（*The Witcher 3：Wild Hunt*）

客观世界观提供了一个宏大的背景，设定了游戏的奇幻世界，包括其地理环境、社会结构和魔法体系。地理环境方面，游戏世界可能包括广袤的森林、雄伟的山脉、荒凉的沙漠和深邃的海洋等多样化的地貌。这些环境不仅是视觉上的背景，还影响角色的行动、探索和任务。例如，一个充满魔法的森林可能隐藏着神秘的生物和古老的遗迹，而广阔的沙漠则可能隐藏着失落的文明和宝藏。

社会结构方面，游戏中的社会系统可能复杂且层次分明，包括不同的阶层、政治势力和经济体系。这些社会结构决定了角色在游戏世界中的地位和互动方式。不同的社会阶层可能拥有各自的规则和特权，例如贵族可能享有权力和财富，而平民则面临更多的挑战和限制。政治势力的存在增加了世界的动态性和复杂性，不同的势力之间可能有着错综复杂的盟友和敌对关系，这些都可以为游戏情节提供丰富的素材。

魔法可以涵盖各种元素，如火、冰、风、土等，每种元素的魔法不仅有其独特的效果，还影响着世界的运作。例如，冰魔法可以改变气候条件，而火魔法则可能影响地形和生态。魔法的使用可以成为角色战斗、解决谜题和互动的主要方式，进一步丰富了游戏的玩法和策略。主观世界观则聚焦于主角杰洛特的个人故事、信仰和情感经历。这些个人经历与游戏世界的背景紧密相连，构成了故事的核心。

杰洛特的任务和选择不仅塑造了他的个人命运，还直接影响了游戏世界的政治局势和社会结构。他的情感冲突和道德选择展示了世界的复杂性，并使玩家能够体验到角色在面对各种挑战时的真实感受。例如，杰洛特可能面临来自不同势力的压力，选择支持某一方或是保持中立，这些选择将影响游戏中的势力平衡和结局。他的个人信仰和道德观也会影响他在面对挑战时的决策，例如，他可能因坚持正义而与邪恶势力对抗，或者因为忠诚而选择牺牲个人利益。这些选择不仅影响角色的故事线，还会改变游戏世界的情节走向。通过角色的个人经历和情感发展，玩家能够深入体验游戏世界的历史和文化。游戏中的任务和情节设计让玩家感受到角色的情感反应，并且这些情感反应直接影响世界观的展现。例如，当角色完成一个重要任务或面临重大决策时，游戏世界可能会发生相应的变化，如政治势力的改变、社会关系的重组等。

（二）《生化奇兵：无限》（*BioShock Infinite*）

在游戏的设计中，将客观世界观与主观世界观相结合，能够创造一个既宏大又细腻的游戏体验，玩家可以从多个角度深入理解游戏世界。

客观世界观设定了一个架空的20世纪00年代天空城市——哥伦比亚，这个城市是游戏的主要背景。哥伦比亚不仅是一个技术高度发达的城市，其科技、政治体系和社会结构也都经过精心设计，充满了历史感和文化底蕴。游戏中的科技体现在城市的飞行机制、先进的科技设备和奇异的科学发明上，这些科技不仅为游戏提供了丰富的互动元素，更塑造了城市的独特风貌。哥伦比亚的政治体系可能由多个彼此对立的派系和领导者构成，各自拥有不同的理念和目标，反映了复杂的权力斗争和社会动态。社会结构则通过不同阶层的居民、特权阶级与底层人民的互动，展现了深刻的社会不平等和文化差异。这些设定为游戏提供了丰富的背景信息和情节推动的基础，使玩家能够在一个充满历史感和科技幻想的世界中进行探索。

主观世界观则通过主角布克的个人故事和情感经历，与游戏的宏大背景紧密结合。布克的内心冲突和过去的罪责，以及他对未来的希望，是游戏情节和主题的重要组成部分。布克的个人故事不仅是他对抗外部敌人和完成任务的经历，还包括他内心的挣扎和自我救赎的过程。他的情感经历与伊丽莎白的关系，特别是他们之间复杂的互动和冒险经历，使玩家能够更深刻地理解角色的动机和感受。这种个人层面的情感冲突与宏大的世界背景相结合，使得布克的故事不仅仅是个人的旅程，也反映了整个哥伦比亚城市的社会和文化背景。

结合点在于通过布克和伊丽莎白的关系，游戏让玩家体验到哥伦比亚城市的复杂社会结构和文化背景。布克的选择和情感投入直接影响故事的发展方向，玩家的决策不仅决定了角色的命运，还对游戏世界产生了实际的影响。这种互动性使得玩家能够感受到自由意志与宿命论的冲突——在一个充满预设规则和命运安排的世界中，个人选择和行动的自由与影响力成为游戏的核心主题。玩家的每一个决定都可能改变角色的关系、社会的状态甚至城市的未来，使得游戏的世界观不仅仅是背景设定，而是一个动态的、可通过玩家行动塑造的生动世界。通过这种精心的设计，游戏不仅为玩家提供了一个充满科技幻想和社会冲突的背景世界，还通过角色的个人故事和情感经历，赋予了游戏情节深度和情感共鸣。这种结合不仅增强了游戏的沉浸感，还让玩家能够从个人和宏观两个层面深入理解游戏的主题和世界观。

（三）《最后生还者》（*The Last of Us*）

客观世界观设定在一个被丧尸病毒感染后废弃的现代世界。游戏中的环境描绘了一个极具破败感的末世背景，包括荒废的城市、被自然重新占领的区域以及资源的严重匮乏。这些设定通过废弃的建筑、破碎的街道和被自然覆盖的城市景观，向玩家传达了末世的生存挑战和社会崩溃的严酷现实。荒废的城市环境不仅影响了游戏的视觉风格，还影响了游戏的玩法设计，玩家需要在这些环境中探索、求生并应对各种危机。有限的资源使得每一次的探索和每一次的决策都充满了紧迫感和挑战，强化了末世设定的真实性和沉浸感。

主观世界观则通过主角乔尔和艾莉的情感和关系来驱动游戏的核心情节。他们的经历、痛苦和希望在游戏中占据了重要的位置，成为推动情节发展的关键因素。乔尔和艾莉的关系发展、他们在这个绝望世界中的互动以及他们对未来的希望，都是玩家在游戏中体验和感受的核心。乔尔的保护欲和艾莉的坚韧，两者在末世背景下的情感碰撞和成长，赋予了整个故事情节丰富的层次和深度。这些个人故事和情感冲突不仅让玩家更深入地理解角色，还使得末世背景下的生存挑战变得更加人性化和触动人心。

通过细致刻画末世背景和深入探索角色情感，游戏让玩家体验到角色在艰难环境下的真实情感反应。末世背景中的废墟和资源紧缺，使得每一个角色的选择和情感反应都显得更加重要和真实。游戏中的情感关系和角色的抉择不仅推动了故事的发展，更加深了玩家对世界观设定的理解。例如，角色在面对丧尸威胁时的恐惧和在寻找资源时的焦虑，都与末世背景相得益彰，使得玩家能够全情投入。通过角色的个人故事和情感波动，玩家不仅体验到了末世的严酷现实，还感受到了角色在绝望中寻求希望和人性的光辉。游戏将宏大的末世背景与深刻的角色情感紧密结合，不仅增强了游戏的情感深度，也使玩家在体验游戏世界的同时，对角色的命运和选择产生强烈的情感共鸣。

第四节　红色题材完整世界观的形成

一、红色题材世界观的构建步骤

（一）定义历史背景和政治理念

在设定红色题材游戏的历史背景时，可以选择革命时代、社会主义建设时期或其他相关历史事件，这些历史时期可以为游戏世界观提供丰富的背景和情节基础。以革命时代为例，游戏可以设定在20世纪初期的一个国家，在这个时期，社会动荡、革命运动和政治变革正引发剧烈的社会和经济变化。这个背景不仅能够反映出当时的历史事件和社会氛围，还能够体现出角色对革命精神和理想的追求，展示那个时代的奋斗和挑战。通过选择具有代表性和影响力的历史时期，游戏能够为玩家呈现一个充满历史厚重感和情感冲突的世界。

游戏世界中的政治理念和制度应明确地体现出红色题材的核心价值观。这包括如何表现领导层的决策和治理风格、政策实施的方式以及社会组织和群众动员的机制。在游戏中，领导层可以表现为革命领袖或党派领导人，他们的政策和决策对国家和社会产生深远的影响。[1]社会主义理念可以通过国家对

① 曹伟锋、韩卫娟：《游戏媒介视域下非遗文化传播策略研究》，《视听》，2023年第7期，第148–151页。

经济资源的集中管理、社会福利的普及以及对不平等现象的消除来体现。同时，游戏中还可以展示群众动员的过程，例如通过宣传活动和革命斗争来激发玩家对红色理想的理解和认同。

定义游戏中的社会结构和权力体系可以反映红色题材的核心价值观和政治背景。游戏中的社会结构可以包括不同的社会阶层，例如工人、农民、知识分子和官僚等，每个阶层在政治和经济体制中的角色和地位可以根据历史背景进行设定。政治机构的运作可以表现为中央集权的政府或革命委员会，它们在实施政策、管理资源和维持社会秩序方面发挥关键作用。游戏中的政策影响可以体现在社会福利、教育改革和经济计划等方面，这些政策将直接影响角色的生活和社会环境。游戏能够真实地反映出红色题材中的社会理想和政治实践，同时增强玩家对历史背景和角色互动的沉浸感。

（二）构建文化与社会环境

在设计红色题材的游戏时，文化背景、社会环境和文化符号与象征的设定是至关重要的，以确保游戏能够真实地反映红色文化的核心思想和价值观。这包括艺术、文学、音乐和传统习俗的设计。艺术可以展示革命精神和集体主义精神，如宣传画、雕塑和壁画，描绘革命英雄和社会建设的成就。文学作品可以通过角色的阅读和讨论，体现红色思想，如革命诗歌、讽刺小说和传记。音乐方面，可以包括具有革命气息的歌曲和乐曲，这些音乐作品应当表现出爱国主义和对社会进步的追求。传统习俗也应融入游戏中，表现革命时期特有的节庆和仪式，增强玩家对红色文化的感知和体验。

日常生活方面，游戏可以描绘革命后的社区生活、集体农场和工厂的运作，以及普通人的生活条件。教育体系的设计应体现红色文化的价值观，如强调社会主义意识形态和劳动教育。

劳动组织方面，游戏可以展示工人阶级的组织和集体劳动的场景，表现革命时期劳动的意义和成就。社区活动则可以包括宣传活动、集会和群众运动，这些活动展示了政治理念如何在社会中实现并改变人们的生活。文化符号和象征的设计应紧密结合红色题材的核心思想和价值观。旗帜、徽章和口号等文化符号应当体现集体主义、爱国主义和社会进步的核心理念。例如，游戏中的旗帜可以设计成具有革命象征意义的红色标志，徽章可以刻画革命英雄或重要事件的图案，口号则可以是体现革命精神和社会理想的标语。这些符号和象征物不仅要融入游戏的视觉设计中，还要在叙事中起到强化主题和增强氛围的作用。

通过这些文化元素的设计，游戏能够更好地呈现红色题材的历史背景和核心思想，带给玩家更加深入的文化体验和情感共鸣。

（三）设计角色和情节

在设计红色题材游戏时，角色设定、情节发展和情感共鸣是关键要素。

角色设定应围绕红色题材进行精心设计，包括革命领袖、普通工农兵和红色战士等多种角色。这些角色的背景、动机和行为必须与红色文化和政治理念一致。例如，革命领袖可以是拥有坚定理想和领导能力的人物，致力于推翻旧有政治体系，建立一个公平的社会。普通工农兵则代表广大的群众，他们通过参与革命运动追求平等和社会正义。红色战士则是那些在革命战斗中表现出英勇精神的角色。每个角色应有独特的背景故事和发展路线，展示他们如何受到红色理念的影响并在革命中成长。情节的发展要围绕红色题材的核心，如革命斗争、建设成就和社会改革。游戏的主要情节可以从革命的起始阶段展开，展示角色如何参与到抗争和斗争中。随着情节的推进，玩家将经历各种革命事件和社会变革，比如工人罢工、农民起义和战斗胜利。

情节还应展现红色理念的实施过程，如通过政治改革、社会建设和经济计划体现社会主义和共产主义的原则。同时，情节设计还要包括角色在这些背景下的成长和发展，揭示他们如何在革命中面对挑战并实现个人和社会的目标。

为了增强玩家对红色题材世界观的情感共鸣，游戏需要通过角色的经历和情感冲突引发玩家的情感反应。角色的个人故事应展示他们在革命过程中的挣扎和奋斗以及他们对理想和信念的坚持。游戏可以设置角色的重大抉择、感人时刻和挑战事件，这些都会影响角色的情感状态和玩家的情感体验。通过角色的情感发展和情节推进，玩家能够更深刻地理解和感受红色文化的核心思想和理念，体验到角色在艰难环境中的真实情感和成长。

二、案例分析：经典红色题材游戏

（一）《红色警戒》（*Red Alert*）系列

在这款虚构的冷战时期背景的游戏中，虽然设定并不直接描绘现实中的红色题材，但通过对苏联与盟军间军事冲突的刻画，体现了红色文化和意识形态的象征性元素。游戏的背景设定在一个虚构的冷战时期，涉及苏联和盟军之间的紧张关系和军事对抗。游戏中的世界设定并非真实的历史事件，但通过详细的世界构建和设定，玩家能够感受到红色文化和意识形态的象征性表现。在游戏中，玩家可以选择苏联阵营，体验红色政权的军事策略和战术应用。这种设定让玩家深入了解红色势力在战争中的运作方式，包括其战略目标和战术决策。玩家在游戏中会面对各种战术挑战和战略选择，感受到红色势力如何影响战局和战争进程。

通过这种游戏体验，玩家可以更好地理解红色文化和意识形态是如何在游戏世界中发挥作用的。苏联阵营使用了许多具有红色文化象征的元素，如红色旗帜、宣传口号和特定的军事装备。虽然这些元素在游戏中主要用于增加娱乐性和视觉效果，但它们同时反映了红色题材的核心视觉符号。红色旗帜和宣传口号强化了苏联阵营的政治色彩和文化特征，而军事装备则体现了红色政权的力量和技术水平。这些文化符号不仅有助于增强游戏的沉浸感，还帮助玩家理解游戏世界中的政治背景和文化氛围。整体而言，虽然游戏并不直接再现现实中的红色题材，但通过背景设定、政治理念和文化符号的精心设计，成功地呈现了红色文化和意识形态的象征性元素，使玩家能够在虚构的冷战背景中体验到相关的文化和政治观念。

（二）《中国革命战争（革命战争）》（*Red Cliff*）

在这款设定于中国抗日战争时期的游戏中，背景设定展示了革命战士与侵略者之间的激烈冲突，融入了大量关于抗战英雄、战斗策略和革命精神的元素。游戏的环境和情节高度还原了抗日战争的历史背景，使玩家能够身临其境地体验这一历史时期的风貌。游戏传达了红色题材中的革命理念和民族主义精神，通过对抗日战争期间中国人民的抵抗和牺牲精神的表现，反映了红色文化的核心价值观。玩家将通过游戏中的任务和情节深入了解这一历史时期的政治背景和社会氛围。游戏不仅展示了历史事件，还通过角色和情节体现了红色文化的革命精神，强调了国家和民族的自我奋发和抗争。

游戏中的角色设定涵盖了革命战士、抗日英雄和民众等人物，这些角色的背景和动机紧密结合红色题材的核心思想。每个角色的设计都反映了红色文化中的英雄主义和集体主义精神。例如，游戏中的革命战士不仅在战斗中展示了英勇无畏，还体现了为国家和民族奉献的崇高理想。抗日英雄的刻画则突出了在极端困境中表现出的坚韧和无私。情节围绕抗日战争的关键战役展开，通过对这些战役的刻画，游戏强调了红色文化的核心价值观。玩家将参与到重要战役中，经历历史的重大时刻，感受革命战士如何面对敌人的侵略，并为胜利而奋斗。通过这些情节，游戏不仅展示了抗战的历史，还体现了红色文化对团结和坚持的强调。整体而言，这款游戏通过详细的背景设定、政治理念、角色设定和情节发展，成功地表现了中国抗日战争时期的红色题材，传递了革命精神和民族主义的核心价值观，使玩家能够深刻体验这一历史时期的风貌和情感。

（三）《游击战》（*Guerrilla Warfare*）

在这款设定于 20 世纪中期虚构南美洲国家的游戏中，玩家将扮演一名游击战士，深入参与到革命斗争中。游戏的背景和设定受到红色题材和革命战争的深刻启发，打造了一个充满历史感和革命氛围的虚拟世界。玩家将在游戏中体验到游击战士如何与政府军展开斗争，探索红色势力在反抗和革命中的策略和目标。通过参与各种战斗任务，玩家能够感受到游击战术的实际应用，并理解红色革命在政治和军事上的实践。环境设计和对话设计展示了红色题材的文化背景，包括革命思想、社会动员和集体主义精神。

游戏中的情节和角色行动将玩家带入一个充满革命热情的世界，其中个人情感与集体目标相互交织。角色的选择和经历不仅反映了他们在革命斗争中的个人情感，还展示了在集体主义精神驱动下的团结和奋进。整体而言，这款游戏通过细致的背景设定、深刻的政治理念以及丰富的文化和情感表现，成功地展现了红色题材的核心要素。玩家不仅能够在游戏中体验到游击战士的革命斗争，还能够深入理解红色文化的社会环境和价值观。

三、红色题材世界观的创新与发展

（一）现代化与多样化的叙事手法

融合历史与虚构元素可以创造出一个独特的体验，让玩家既能感受到红色题材的核心理念，又能沉浸在富有幻想色彩的虚构世界中。通过这种融合，游戏不仅保持了红色文化的精髓，还能吸引那些对传统历史感兴趣的玩家，同时增加了游戏的创新性和趣味性。背景设定中，可以通过虚构的历史背景或平行世界设定，将红色题材的核心理念嵌入更为丰富和创新的故事情节中。例如，游戏可能设定在一个平行世界的冷战时期，其中的苏联不仅拥有先进的科技，还融合了幻想元素如魔法或未来技术。这样的设定允许玩家在体验革命斗争的同时，也能探索充满幻想色彩的世界，这种独特的结合使得游戏不仅保留了红色文化的精髓，还能激发玩家的创造力和探索欲望。这种叙事方式通过展示红色题材中不同角色和阵营的观点，能够帮助玩家更全面地理解和体验红色世界观的复杂性和多样性。例如，玩家可以通过主角、革命领袖、普通士兵和敌对势力等不同角色的视角，体验到各方在革命斗争中的动机、挑战和决策过程。这种方法不仅增强了玩家的情感投入，还提供了更加深入的剧情体验，让玩家能够从多个角度理解和感受游戏世界的复杂性。

多视角叙事还能够揭示不同角色在红色世界观中的互动与冲突，展现他们如何在复杂的社会和政治背景下进行选择和斗争。这种叙事方法使得每个角色的背景故事和个人经历都得到了充分展现，玩家可以更深入地了解他们的情感冲突和动机，增加了游戏的情感深度和真实性。结合虚构元素与多视角叙事的方法，使得游戏不仅在叙事上更为丰富和立体，还能够在历史感与幻想色彩之间找到一个平衡点。这种创新的叙事方式不仅让玩家体验到红色文化的核心理念，还提供了更加多样化和引人入胜的游戏体验，使得游戏既具有教育意义，又充满娱乐性。

（二）融入现代社会议题与技术

将红色世界观与当代社会议题结合，可以让游戏不仅展现历史背景，还能够对现实社会问题进行深刻的反思。这种结合不仅丰富了游戏的内涵，还使得游戏内容更加具有现实意义和社会相关性。例如，游戏可以探索社会不平等、环境保护和全球化等当代议题。通过将这些现代社会问题融入游戏剧情，玩家不仅能够体验红色题材的历史背景，还能对照现实生活中的挑战和问题，增强游戏的社会影响力。在游戏中，社会不平等的议题可以通过展示不同社会阶层的生活状况和权力关系来体现。例如，玩家可能会经历和目睹在红色政权下，不同阶层的民众如何应对资源分配的不公平，从而引发对公平和正义的深思。环境保护问题也可以通过设计游戏中的自然环境遭遇破坏、资源枯竭等情节，让玩家感受到保护环境的紧迫性，并促使他们思考可持续发展的重要性。全球化的议题则可以通过展现不同国家或地区的互动、文化交流与冲突，反映现代世界的复杂性和互联性，从而引发对全球化带来的机遇与挑战的思考。

利用新兴技术，如虚拟现实、增强现实和人工智能，可以进一步提升红色世界观的沉浸感和互动性。虚拟现实技术能够让玩家身临其境地体验革命战斗场景、政治活动和历史事件，从而更深刻地理解红色世界观的复杂性。例如，玩家可以在虚拟现实中体验革命时期的关键战役，感受到战争的紧张气氛和历史背景的真实性。增强现实技术可以在现实世界中叠加虚拟元素，让玩家在实际环境中与游戏内容互动，例如，通过增强现实扫描现实中的物品来解锁游戏中的隐藏信息或任务。人工智能技术则可以用于创建更智能和动态的敌对势力，使得游戏中的对抗更加具有挑战性和现实感。人工智能还能用于生成复杂的对话和情节，使游戏中的角色和事件更具深度和真实性。通过对这些技术的运用，游戏能够提供更加真实和沉浸的体验，使玩家不仅能感受到红色世界观的核心理念，还能在互动中深入体验现代社会议题。这种结合不仅增强了游戏的娱乐性和教育意义，还能在玩家的思维和情感上产生深远的影响。

第五章

符合项目要求的世界观的建设

第一节　项目需求分析

一、项目目标分析

（一）明确世界观的核心元素

1. 历史与背景设定

要确保游戏项目需求的准确性和深度，首先需要详细定义游戏的历史背景、时间设定以及主要事件。这涉及明确游戏的历史背景是基于真实历史事件还是虚构背景。如果选择真实历史背景，需决定具体的历史时期，比如中国的抗日战争时期、苏联的革命时期，或者其他符合红色题材的历史事件。如果选择虚构背景，则需要设计一个有深度和说服力的虚构世界，以反映红色文化的核心理念。时间设定也需要明确，是设定在 20 世纪的某个具体年代，还是在虚构的未来背景中重新审视红色题材的影响。主要事件的定义至关重要，包括革命战争、社会改革、政治斗争等，这些事件需要准确地反映红色题材的核心历史和政治环境，并与游戏的故事情节紧密结合。

另外，还需要进行详尽的历史文献研究，以确保对所选历史时期和事件有深入理解。这包括查阅书籍、学术论文、档案和其他相关的历史资料，确保背景设定的准确性。同时，需要收集和分析相关的历史背景、文化、政治结构和社会环境等信息，以便在游戏中准确体现红色题材的特点和核心价值观。专家咨询也是不可或缺的一部分，通过咨询历史学家、文化专家和红色题材研究者，可以获得专业的意见和建议，确保游戏的背景设定真实可靠，并能够准确反映历史和政治环境。此外，如果游戏设定涉及具体的历史地点或文化遗址，进行实地考察也有助于更好地理解和再现这些元素。[①] 通过与游戏设计团队的密切合作，将这些历史和背景元素融入游戏世界的各个方面，从而创造出一个真实、丰富且引人入胜的游戏体验。

2. 政治与社会结构

要建立一个详细的政治体系和社会结构，首先需要明确红色题材所涉及的核心政治理念，这包括领导层的设定、政策的实施机制以及社会组织的运作方式。这些结构应忠实于红色题材的政治和社会背景，确保游戏中的政治和社会环境能够真实反映这些理念。

在实施策略方面，首先需要设计一个详尽的游戏世界地图和社会组织图谱。这包括定义游戏中的重要地理区域、政治势力的分布、主要城市和军事基地等。游戏世界地图应展示政治势力的控制区域、社会组织的活动范围以及资源分配情况，以便玩家能够直观地了解游戏世界的政治和社会结构。

创建社会组织图谱可以帮助玩家了解游戏世界中的各个社会组织、政治机构和群众团体。这包括描述领导层的组成、主要政策的制定和实施、社会组织的职能和影响力等。图谱应体现出红色题材中的核心价值观，如集体主义、社会进步等，帮助玩家理解这些组织如何在游戏中发挥作用。

在游戏机制中，需要通过任务、对话和情节展示这些政治和社会组织的运作。例如，任务可以设计成玩家需要与不同的政治势力互动，完成与政策实施相关的任务，或参与社会组织的活动。这些任务不仅推动故事情节的发

① 黄子航：《电子游戏与博物馆青少年教育》，《文物鉴定与鉴赏》，2020 年第 21 期，第 115–117 页。

展，还能让玩家体验到不同组织和机构的运作方式。对话和情节设计应嵌入有关政治决策和社会变革的内容，让玩家通过角色的互动深入理解游戏中的政治和社会结构。

通过这些策略，游戏不仅能够准确展现红色题材的政治体系和社会结构，还能增强玩家的沉浸感和对游戏世界的理解。

（二）设计角色和情节的需求

1. 角色设计

在设计符合红色题材的角色时，首先需要创建详细的角色背景、性格特征和发展轨迹，这些都应与游戏的核心理念紧密相通。例如，革命领袖的背景故事可能包括他们的革命经历、领导风格和战略思维，而普通人民的背景则可以描绘他们在社会变革中的挑战和奋斗。战士的背景则可能涉及他们的军事训练、战斗经历及对革命事业的忠诚。角色的性格特征应与其背景故事和动机一致，同时体现红色文化的核心价值观。革命领袖可能展现出坚定的意志和领导能力，普通人民可能表现出坚韧和乐观的品质，而战士则展示出勇敢和忠诚。这些性格特征不仅要帮助推动游戏的情节发展，还要增强玩家对角色的情感认同和投入。角色在游戏中的成长、挑战和变化应展示红色题材中的价值观，如从普通人民成长为革命英雄或在战斗中体现集体主义精神。

角色的变化应反映出他们如何在不同情境下做出选择以及如何受到游戏世界观的影响。实施策略包括编写详细的角色背景故事，描述角色的生活经历、革命动机及其在游戏世界中的角色关系。同时，定义角色的性格特征，确保这些特征与角色的背景故事和动机一致，并能够推动游戏情节的发展。通过与游戏设计团队合作，确保每个角色的设计都能准确体现红色文化的核心理念，并通过角色间的互动和情感冲突来增强游戏的故事深度。

2. 情节发展

在设计与世界观相符的情节时，首先需要构建一个全面的情节大纲，这个大纲应涵盖游戏中的主要主题，如革命斗争、社会变革和英雄主义。情节应紧密围绕游戏世界观的核心价值观和社会环境展开，确保每个情节都能体现核心理念。例如，游戏可以通过描述关键的革命战役、社会改革的实施过程以及个人英雄主义的表现，来展示红色题材的价值观。大纲应明确游戏的主线情节和支线任务，设计关键任务和剧情节点，这些任务和节点应与游戏的世界观和核心主题相一致。关键任务可以包括重大革命事件、重要的社会改革和个人英雄行为，而剧情节点则应展示这些事件和行为的具体影响及其对世界观的体现。

通过任务的逐步展开和角色的互动，玩家将逐渐了解游戏世界的背景和核心价值观。这些情节要与玩家的选择和行动紧密结合，使玩家的决策能够直接影响故事的进展和结局。例如，玩家可能在选择支持某一派系或参与某项社会改革时，看到不同的情节发展和结果，这种互动性增强了玩家对游戏世界观的理解和参与感。情节中的冲突和转折点应设计得具有足够的戏剧性和深度，以便引发玩家的情感共鸣和思考。通过这些情节元素，玩家不仅能够体验到红色题材中的核心主题，还能感受到游戏世界观的复杂性和多样性。

二、受众分析

（一）目标受众的特征

在设计游戏时，我们需要将历史爱好者和文化与政治兴趣者的需求融合在一起。游戏的背景设定应基于详细的历史研究，如 20 世纪初期的革命时期或抗日战争时期。这一时期的社会、经济和政治环境应被精确描绘，以真实地反映那个时代的风貌。游戏中的情节应围绕真实的历史事件展开，例如重要的战役、革命领袖的决策或社会变革，确保通过任务和情节展现这些事件的真实性和深度。角色设定方面，我们需要创建符合历史背景的角色，包括革命领袖、普通民众和士兵等。每个角色应有详细的背景故事和动机，这些角色的行为和互动应与历史事件紧密相关，以展现他们在那个历史背景下的复杂性和多样性。

对于文化与政治兴趣者，游戏应融入红色文化的核心理念和政治理论，如集体主义、革命精神和社会进步。通过游戏中的象征符号（如红色旗帜、宣传口号）和政治理论（如社会主义理念、阶级斗争），玩家可以直观地理解和体验这些理念。在角色对话和情节发展中，应深入探讨红色文化和政治理念，让玩家通过角色的选择和行动体验这些理念的实际应用。游戏机制也应与红色文化相关的互动元素紧密结合，如设计任务系统展示集体主义和社会变革的相关任务，并通过成就系统和奖励机制鼓励玩家理解和实践红色文化的理念。这种综合设计能够满足历史爱好者对准确历史背景的需求，同时吸引文化与政治兴趣者深入体验和理解红色题材的核心理念。

（二）受众需求与期望

在设计游戏以满足沉浸体验和教育启发的需求时，我们需要综合考虑多方面的策略。对于沉浸式体验的需求，游戏应通过细致的环境设计、逼真的角色刻画和高质量的音效来增强玩家的沉浸感。例如，游戏中的场景应根据历史资料和文化背景进行详细建模，角色的外观和行为应与历史设定相符，音效和音乐则应反映红色题材的氛围。为了进一步提升沉浸感，可以考虑运用虚拟现实或增强现实技术，让玩家在一个更为真实的环境中体验游戏世界。

对于教育与启发的需求，游戏应将教育元素自然地融入娱乐内容中。例如，可以在游戏中设计历史背景介绍、文化解释和政治理论说明的模块，让玩家在进行游戏的同时了解相关知识。设计任务和情节时，应考虑如何通过游戏中的决策和事件促使玩家对红色题材的核心理念进行深刻思考。此外，游戏可以提供额外的资料和参考信息，例如历史文献和文化资料，帮助玩家进一步了解游戏中的历史和文化背景。这种设计不仅能够满足受众对娱乐的需求，还能在教育和启发方面提供有价值的体验，使玩家在享受游戏的过程中获得新的知识和视角。

（三）受众的行为习惯与偏好

针对不同的游戏平台，如 PC、主机或移动设备，必须优化游戏的性能和体验。对于 PC 平台，应确保游戏能够利用较高的计算能力和图形处理能力，提供优质的视觉效果和流畅的操作体验。对于主机平台，考虑到控制器的特性和操作方式，需要优化游戏的控制和界面设计，以确保玩家能够获得自然和舒适的操作体验。而对于移动设备，游戏需要适配触屏操作，并优化资源使用，以确保在有限的硬件条件下依然能提供高质量的游戏体验。此外，跨平台兼容性也是一个重要因素，游戏应确保在不同平台上能够提供一致的体验，可能需要通过云存档或跨平台功能来实现玩家数据的无缝同步。针对受众的内容偏好，需要设计多样化的游戏内容和玩法，以满足不同玩家的需求。

对于偏好策略性玩法的玩家，可以设计复杂的任务和挑战，要求玩家进行深入思考和决策。对于喜爱角色扮演和故事驱动的玩家，应提供丰富的剧情线和角色发展，确保玩家能够沉浸在引人入胜的故事和角色关系中。通过设计多种游戏模式，如剧情模式、挑战模式和自由探索模式，玩家可以根据个人兴趣选择最合适的玩法方式。此外，为了进一步满足个性化需求，可以考虑在游戏中加入自定义选项，让玩家能够调整游戏的难度、任务类型和角色发展路径，从而提升游戏的吸引力和可玩性。

三、市场调研分析

（一）目标市场分析

分析当前游戏市场的规模和发展趋势，特别是与红色题材或历史题材相关的游戏市场，旨在了解市场的整体增长率、玩家数量以及消费习惯。为此，将利用多种市场调研工具，包括市场调研报告、行业分析数据和玩家调查问卷。特别关注行业领袖和权威机构发布的市场研究报告，以获取可靠的数据和趋势分析。通过访问这些报告，可以了解全球和各地区游戏市场的整体规模、各类型游戏的市场份额及增长率、玩家的数量和活跃度，以及不同平台（如 PC、主机、移动端）的市场表现。此外，还将通过社交媒体分析、论坛讨论和玩家问卷调查，了解玩家的消费习惯和偏好。这些信息将帮助明确红色题材游戏的市场潜力，了解该类型游戏在不同地区和平台上的受欢迎程度，并预测未来的发展趋势。

研究市场上已有的红色题材或历史题材游戏的竞争情况，包括主要竞争对手、不同的产品特点和市场表现。通过游戏评论、玩家反馈、市场销量和行业分析报告等途径，了解竞争对手的优势和劣势。分析他们的市场策略和玩家群体，以找出市场上的空白点和竞争优势。具体方法包括收集和分析主要竞争对手在游戏发布平台的用户评分和评论，通过社交媒体和游戏论坛了解玩家对这些游戏的反馈和讨论热点，研究竞争对手的营销和推广策略，以及他们在市场中的定位和品牌形象。通过这些调研，确定本项目可以在哪些方面进行差异化竞争，以吸引更多目标玩家。这可能涉及游戏玩法、故事情节、艺术风格、历史真实性，以及游戏社区的建立和维护等方面的创新和优化。最终目标是利用这些洞察，制定出具有竞争力的产品策略和市场推广方案，确保在红色题材和历史题材游戏市场中占据有利地位。

（二）目标玩家需求分析

要了解目标玩家的游戏偏好、行为习惯和购买意愿，可以通过玩家问卷调查、焦点小组讨论和社交媒体分析来收集数据。问卷调查可以设计针对性的题目，涵盖玩家对不同游戏类型的喜好、游戏时间安排、主要的购买渠道，以及他们的消费能力等方面。焦点小组讨论则可以提供更深入的见解，通过与小组成员的互动，探讨他们对游戏的兴趣点和期望。社交媒体分析则可以从玩家在平台上的评论、帖子和互动中获取有价值的行为数据。调研的目标是明确玩家的需求和期望，尤其是他们对红色题材游戏的兴趣点和关注点。这些信息将帮助在游戏设计过程中更好地满足玩家的期望，为游戏的市场定位和推广策略提供数据支持。

为了深入了解玩家对游戏内容和功能的具体需求，可以进行玩家访谈、在线论坛和社交媒体讨论，收集他们对故事情节、角色设计、游戏机制、图形质量、音效等方面的意见和建议。通过分析其他成功游戏的内容和功能，可以借鉴他们的成功经验，了解哪些元素受玩家欢迎，哪些可能需要改进。调研的目标是设计出符合玩家需求和期望的游戏内容和功能，从而确保游戏具有足够的吸引力和可玩性。这不仅有助于提高玩家的满意度和忠诚度，还可以增强游戏在市场上的竞争力。

第二节　世界观设计流程

一、概念设计

（一）定义核心概念与主题

在确定游戏的主题与核心理念时，首先要明确游戏的主题和核心价值观，尤其是与红色题材相关的部分。这包括游戏要传达的核心价值观、背景故事以及历史事件的呈现方式。为了这一目标，团队可以通过多种方法进行深入探索和讨论。进行头脑风暴会议，与创意团队成员集思广益，提出不同的主题和核心理念。这一过程可以通过自由讨论和创意交流，激发团队成员的想象力和创造力。接下来，进行详细的主题分析，了解红色题材中的关键价值观和历史背景。为此，团队应查阅相关的历史文献、文化资料和专家访谈，深入理解红色题材所涉及的社会背景、主要事件和人物。对这些历史背景和文化因素的理解，将帮助团队在游戏中准确地体现这些元素，确保游戏的主题具有历史真实性和文化深度。这个概念应与游戏的总体目标和设计方向一致，以确保游戏的叙事、角色和机制都能够支撑核心主题。① 在这个过

① 王申、韩成浩：《基于 Unity3D 的人员信息动态更新》，《吉林建筑大学学报》，2023 年第 40 期，第 85–88 页。

程中，可以通过创意讨论和团队反馈来调整和完善主题和核心理念，确保其在游戏中的体现具有一致性和连贯性。这一主题声明和核心价值观将成为游戏设计的基石，指导后续的设计和开发工作。概念框架涵盖游戏世界的基本设定，应包括历史背景、社会结构和科技水平等方面的详细描述。

构建概念框架、文字描述和图示是实现这一目标的关键步骤。这些图示和文字描述将帮助团队定义游戏世界的主要元素，并形成一个连贯的世界观。具体来说，地理环境的设计应涵盖游戏世界中的城市、乡村、重要地标以及自然景观等。这些地理特征不仅要符合游戏的核心理念，还要能够支持游戏的叙事和玩法。政治体制的设定需要详细描述游戏世界中的政府形式、权力分配和主要政治势力，这将影响游戏中的权力关系和政治互动。社会阶层的定义应描绘游戏中的不同社会群体和他们的生活方式，包括他们的社会地位、文化背景和互动方式。科技水平的描述则需要说明游戏世界中的技术发展状况和技术应用，这将影响游戏的机制和玩法。通过这些元素的详细设计和定义，团队将建立一个系统的概念框架，确保游戏世界观既具有深度和广度，又能支撑核心理念的体现。这一框架将为游戏的叙事和设计提供坚实的基础，确保游戏内容的统一性和一致性。在后续的开发过程中，这个概念框架将指导游戏的详细设计和实现，使游戏世界更加真实、丰富且具有吸引力。

（二）世界观的详细设计

在构建游戏世界的地理与环境时，首先需要明确游戏世界的地理布局和环境特色。这包括地形、气候、生态系统等方面的设计。为了实现这一目标，可以绘制世界地图，定义游戏世界的地理框架。地图应包括主要的地理特征，如山脉、河流、湖泊、海洋等，以及关键区域和地点。这些地理特征不仅要具备视觉上的吸引力，还应对游戏的叙事和玩法产生实际影响。要考虑不同地理环境对游戏世界观的影响。例如，如果游戏的主题涉及革命或动荡时期，可以通过设定不同的地理区域，如战乱地区、和平地区和资源丰富的区域，来体现这一主题。气候和生态的设计也需要与游戏的核心理念相符，例如，在一个极端寒冷的环境中展开的游戏可能会强化生存挑战的元素，而热带雨林中的游戏则可以强调生态多样性和探险。不同的环境应有助于推动游戏的情节发展。

在设计社会与文化结构时，目标是定义游戏世界中的社会组织、文化背景和人民生活。这包括社会结构、政治体系、文化习俗等方面。为此，可以创建详细的社会组织图谱，描述游戏世界中的不同社会阶层和他们的互动关系。政治体系定义了政府形式、权力分配以及主要的政治势力，这将影响游戏中的权力斗争和政治策略。经济系统的设计也应与社会结构相适应，考虑财富分配、资源管理和商业活动等方面。文化背景的设定包括描述游戏世界中的文化习惯、节日庆典等。这些文化要素将为游戏中的角色和剧情提供背景支持，使游戏世界更加丰富和真实。编写相关的背景故事，以详细描述社会的起源、历史事件和文化发展，确保这些设置能够支持游戏中的情节发展和角色塑造。所有这些元素的设计应紧密围绕游戏的核心理念，确保社会和文化结构与游戏的整体叙事和目标一致，从而为玩家创造一个引人入胜且有深度的游戏体验。

（三）角色与情节的初步构思

在设计主要角色与角色关系时，首先需要构思游戏中的主要角色，包括他们的背景、动机以及他们与世界观的关系。这一过程的关键是编写详细的角色简介，涵盖角色的个人历史、动机、目标以及他们如何融入游戏的世界观中。每个角色应有独特的背景故事和性格特征，使他们在游戏中具有鲜明的个性。角色的外貌设计也要与他们的背景和性格相匹配，从而增强角色的真实感和代入感。设计角色的发展轨迹，考虑他们在游戏中的成长和变化，以及如何通过这些变化推动故事情节的发展。除了单个角色的设计，还需设计角色之间的关系，包括他们的互动、合作与冲突。这些关系将影响角色的行为和剧情的发展。例如，主要角色之间可能存在合作关系、竞争对抗或情感纠葛，这些关系将为游戏中的情节提供动力。角色的互动应能够体现游戏的核心主题，并对故事情节产生实质性影响。

设定游戏的主要情节线索和关键事件，并确保这些事件能够展示世界观的核心概念。主要任务和情节节点定义游戏中玩家需要完成的主要目标和挑战。这些任务和事件应与游戏的世界观紧密结合，通过它们展现游戏的核心理念和情节发展。关键事件应对游戏世界产生显著影响，例如，通过重大历史事件、冲突或转折点推动故事发展。情节大纲应详细描述游戏的主要事件、任务进展和角色的主要变化，确保这些内容与游戏的核心理念和设定相符。情节大纲可以包括主要任务的顺序、关键事件的触发条件和角色的发展轨迹，帮助团队在开发过程中保持情节的一致性和连贯性。通过精心设计主要角色、角色关系以及情节和关键事件，游戏将能够提供一个丰富且有深度的故事体验，使玩家在游戏中感受到核心世界观，并通过角色的互动和情节的发展深入理解游戏的主题。

二、原型制作

（一）原型概念与规划

明确原型通常包括测试游戏机制、验证视觉风格、评估世界观设计等方面。根据项目的具体需求和设计目标，定义原型需要实现的核心功能和展示的关键内容。例如，如果重点是测试游戏机制，则原型应包括游戏的基本玩法和主要功能模块；如果目标是验证视觉风格，则需要集中展示游戏的图形设计和艺术风格；如果是评估世界观设定，则需体现游戏的环境布局和背景故事。明确这些目标有助于制订原型的具体开发要求和测试计划，确保原型能够有效支持项目的总体设计和开发目标。制订原型计划的目标是规划原型制作的时间节点、资源需求和任务分配。时间节点应涵盖原型的各个开发阶段，包括设计、实现、测试和评估等环节；任务分配需要明确每个团队成员的职责，确保他们了解自己的工作内容和目标。资源需求的规划包括确定所需的技术、工具、人员和预算等，以确保原型开发过程中资源的充分配置和有效使用。制订原型计划时，还应考虑预期成果，确保原型能够达到设计目标，并提供必要的反馈和数据。例如，原型的测试结果可以帮助团队识别游戏机制中的问题、视觉风格的适配性以及世界观设定的有效性。通过这些反馈，团队可以进行调整和优化，以改进最终产品的设计和功能。明确原型目标和制订详细的原型计划是确保原型开发顺利进行的关键步骤。这不仅有助于团队集中精力解决关键问题，还能确保资源的合理使用和项目的按时推进，为游戏的最终开发打下坚实的基础。

（二）原型设计与开发

在创建视觉和互动原型的过程中，首先要将概念设计转化为可视化的原型，这包括视觉效果和互动体验的设计。为实现这一目标，可以使用多种原型工具和游戏开发引擎。设计时需要确保这些视觉和互动元素能够准确体现游戏的核心理念和预期体验。在视觉原型设计中，首先需要构建关键场景的图像，这些场景应展示游戏世界的主要环境和氛围。角色模型的设计应包括角色的外貌、服装、动画等，使其能够在视觉上表现出角色的性格和背景。

用户界面设计则包括菜单、按钮、头上显示（HUD）等元素，这些设计应考虑用户交互的直观性和易用性。互动元素的设计则需要涵盖玩家与游戏世界之间的交互方式，如点击、拖拽、对话系统等。开发基本功能和内容，以展示游戏的主要机制和世界观设定。这需要编程和整合基本的游戏机制，例如角色移动、战斗系统、任务系统等。这些功能应能够展现游戏的基本玩法，并提供初步的用户体验。接着，添加基础的环境、角色和对象模型，以构建一个可操作的游戏环境。这些模型的设计应与视觉原型一致，确保游戏的实际表现与预期的视觉效果相符。同时，要确保玩家能够通过基本的互动方式体验游戏的核心机制，并获得对游戏世界观的初步理解。原型应能够展示游戏的基本功能和互动模式并提供反馈，以帮助团队识别设计中的问题和改进点。

（三）原型测试与反馈

进行内部测试的目标是验证原型的基本功能和设计效果，并发现潜在的问题和不足。首先需要组织内部测试会议，邀请团队成员进行原型测试。在测试过程中，团队成员将根据预设的测试用例和场景对原型进行实际操作。这些测试用例应涵盖原型的所有核心功能，包括角色控制、任务系统、用户界面操作等，以全面评估原型的表现。团队成员应重点关注以下几个方面：一是功能的完整性和正确性，确保所有设计的功能都能正常运行，没有明显的 bug 或错误；二是用户界面的可用性，评估界面的布局、导航和互动是否直观，是否能提供流畅的用户体验；三是系统的稳定性和性能，包括加载时间、响应速度和资源消耗等，以确保原型在实际使用中的可靠性和效率。测试结果应以详细的记录和报告形式汇总，包括发现的问题、改进建议和具体的反馈意见。基于这些反馈，团队可以进行针对性调整和优化，修复问题并提升原型的整体质量。

在收集外部反馈时，需要了解原型在目标受众中的表现和接受度。为此，可以组织焦点小组、玩家测试或外部评审。焦点小组测试通常包括一小部分目标玩家，他们将在讨论会上体验原型并提供反馈。通过引导讨论，收集他们对游戏功能、视觉风格和互动体验的意见。这种方法有助于获取深度的定性反馈，并了解玩家的直观感受和潜在需求。可以邀请目标玩家群体参与测试，让他们在规定的时间内使用原型，观察他们的操作行为和反应。通过记录玩家的游戏过程、收集他们的评价和建议，团队可以分析玩家对原型的整体体验，包括游戏机制的趣味性、视觉效果的吸引力和互动设计的合理性。外部评审可以邀请行业专家或顾问进行评估，他们的专业意见可以提供对原型的客观和深入的分析。这些专家可能包括游戏设计师、艺术家或用户体验专家，他们能够从行业标准和最佳实践的角度对原型进行评价，并提出改进建议。在收集和分析反馈的过程中，要特别关注玩家的体验和接受度，了解他们对游戏各方面的感受。通过系统化和结构化的分析，识别出改进点和优化方向，为后续的设计和开发提供指导。反馈的收集应注重覆盖面和深度，确保所有关键问题和建议都得到充分考虑，并纳入后续的调整和优化中。

通过内部测试和外部反馈的综合评估，团队可以对原型进行必要的修改和完善。内部测试提供了对原型功能和设计效果的详细了解，而外部反馈则帮助团队从玩家和专家的视角审视原型。结合这两方面的反馈，开发团队能够有效地优化原型，确保最终产品能够满足玩家的需求和期望，并在市场上获得成功。

三、测试与反馈

（一）测试准备

制订测试计划是确保游戏原型开发质量和效果的关键步骤。其目标是明确测试的范围、目标、方法和时间表，从而系统化地评估原型的各个方面，确保其符合设计要求和用户期望。测试范围包括需要测试的具体内容，如功能测试、视觉测试和交互测试。功能测试关注原型的基本功能是否实现，包括角色控制、任务系统、战斗机制等；视觉测试评估游戏的图形效果、动画流畅度和艺术风格的符合度；交互测试则检验用户界面的操作体验、反馈响应和导航逻辑。测试目标是识别和修复原型中的问题，提高游戏的用户体验和性能，确保原型能够准确反映最终产品的设计意图。测试方法应包括定量和定性测试，定量测试可以通过数据分析工具收集系统性能和用户行为数据，如加载时间、响应速度和操作成功率；定性测试则通过用户访谈、焦点小组讨论等方式获取用户对游戏体验的主观反馈。

测试对象，包括特定的场景、角色和机制，需要明确。例如，可以选择游戏中的关键任务或场景进行深入测试，确保这些核心内容能够正常运行并达到预期效果。测试团队应包括开发人员、设计师、测试人员和其他相关成员，各自负责不同的测试环节和任务。测试人员需要了解测试的目标和方法，能够独立进行测试并记录问题和反馈。时间安排应包括测试的各个阶段，如测试准备、执行、数据收集和反馈分析。制定详细的时间表，明确每个阶段的起止时间和重要的时间节点，确保测试按计划进行并及时完成。关键指标包括用户体验、稳定性和性能等。

用户体验指标关注游戏的易用性、趣味性和玩家的满意度；稳定性指标评估系统的可靠性和故障率；性能指标则测量游戏的响应速度、加载时间和资源消耗。通过这些指标，团队可以全面评估原型的表现，识别改进点，并为后续的开发工作提供指导。总结来说，制订测试计划需要明确测试的范围和目标，选择合适的测试方法和对象，规划测试团队和时间安排，并确定关键指标。通过系统化的测试计划，团队能够有效地评估原型的各个方面，发现并解决问题，确保原型的质量和效果，为最终产品的成功发布奠定基础。

（二）进行测试

1. 内部测试

内部测试是在开发过程中至关重要的一步，其主要目标是识别和修复潜在的问题，确保原型的基本功能和设计效果符合预期。这些团队成员通常包括设计师、程序员和艺术家等，他们对项目有较深入的了解，能够从各自的专业角度进行测试。设计师关注游戏的视觉效果和用户界面，确保设计元素的符合性和美观度；程序员则重点检查游戏的功能实现和代码稳定性，识别潜在的技术问题和 bug；艺术家则负责评估图形和动画的质量，确保其符合游戏的艺术风格。功能实现方面，测试人员应检查游戏的核心机制是否按预期工作，包括角色控制、任务系统和交互逻辑。

视觉效果方面，需要确认图形、动画和特效是否正常显示，并与设计目标一致。用户界面方面，测试人员需验证菜单、按钮和导航的可用性和易用性，确保用户能够顺畅地进行操作。团队成员应详细记录发现的问题，包括功能缺陷、视觉瑕疵和界面问题等，并提供具体的反馈和建议。这些记录有助于开发团队了解原型的不足之处，并进行针对性修复和调整。初步修复通常包括修正 bug、调整设计元素和优化功能表现。修复过程应针对发现的问题，逐一解决并进行验证。

调整过程可能涉及重新设计某些功能、优化用户界面或修正艺术资源。修复和调整后，需要再次进行内部测试，以确保修复效果和调整的有效性。

内部测试通过这种系统化的方法，能够有效识别和解决原型中的潜在问题，确保其在发布给外部测试人员或玩家之前具备较高的稳定性和可用性。这一步骤为后续的外部测试和产品最终发布奠定了坚实的基础。

2. 外部测试

外部测试是游戏开发中一个关键的环节，其主要目标是从目标玩家或外部专家处获得真实的用户反馈，以进一步优化游戏原型或设计方案。可以组织玩家测试。通过邀请实际玩家体验游戏原型，开发团队能够获得来自目标用户的第一手反馈。这些玩家可以包括潜在的目标群体或对游戏类型有较高兴趣的玩家。测试过程中，玩家将按照预定的测试场景进行游戏，体验游戏的核心机制、互动逻辑和整体设计。为了收集全面的反馈，可以使用问卷调查、访谈和观察等方法。问卷调查可以设计一系列针对性问题，以了解玩家对游戏各方面的评价，包括功能性、趣味性和可玩性等。访谈则允许开发团队深入了解玩家的个人体验和具体意见，观察可以帮助团队识别玩家在游戏过程中遇到的具体问题和行为模式。组织一组目标玩家参与讨论会，展示游戏原型并引导讨论。这种方法能够获得玩家的集体意见，深入了解他们对游戏的态度、期望和建议。在讨论中，可以探讨游戏的各个方面，如故事情节、角色设计、视觉效果和用户界面等。

焦点小组讨论有助于发现玩家对游戏的情感反应和潜在需求，为游戏的优化提供宝贵的参考建议。邀请行业专家、游戏设计师或用户体验专家对游戏原型进行评审。专家评审不仅关注游戏的技术和设计质量，还考虑行业趋势和最佳实践。专家们能够从技术、艺术和市场等多角度提供反馈，帮助开发团队识别和改进设计中的不足。这包括整理玩家问卷的回答、总结焦点小组讨论的要点以及记录专家评审的意见。通过对反馈数据的分析，开发团队可以识别出游戏设计中的主要问题和改进点，并制订相应的优化计划。通过真实用户和专家的反馈，开发团队能够进一步完善游戏的设计，提高市场竞争力，并确保最终发布的产品能够满足玩家的期望和需求。

（三）收集和分析反馈

1. 整理反馈数据

整理反馈数据是外部测试后的关键步骤，以便对游戏原型进行有效改进。反馈数据通常包括玩家的问卷回答、焦点小组讨论记录、专家评审意见以及观察记录等。可以按照不同的维度将这些数据进行分类，比如功能问题、视觉问题、用户界面问题、游戏机制问题等。分类后，将相同类别的问题或建议汇总到一起，形成清晰的数据集。这种分类和汇总有助于更系统地处理反馈，避免遗漏重要信息。

严重性指的是问题对游戏体验的影响程度，而频率则是指问题出现的频率。将反馈数据按照这两个维度进行优先级排序，能够帮助团队确定哪些问题是最紧急需要解决的，哪些问题可以稍后处理。常见的问题和建议应优先处理，以确保对大多数玩家的体验进行改进。通过对收集到的反馈进行归纳总结，找出玩家遇到的普遍问题，比如某些功能的易用性问题、视觉效果的不协调或游戏机制的不平衡。同时，也要注意玩家的建议和期望，了解他们对游戏的期望是什么，如对特定功能的需求或对某些改进的建议。这些分析能够帮助开发团队更好地理解玩家的真实需求和期望，从而进行针对性优化。

定量数据通常来源于问卷调查，能够提供关于问题频率的客观数据；而定性反馈则来源于访谈和讨论，能够提供更深入的见解和具体的建议。将这两种数据结合起来，可以全面了解玩家的体验和意见，并做出更加准确的判断和调整。整理和分析后的反馈数据应形成详细的报告，报告中应包括问题的分类、优先级排序、常见问题和建议的总结，以及改进建议。这份报告将作为后续优化和调整的基础，指导开发团队有针对性地解决问题，优化游戏设计，提升最终产品的质量和用户体验。

2. 评估问题与改进点

评估问题与改进点是整理反馈数据之后的关键步骤。这一步骤涉及对所有收集到的反馈进行详细审查，找出影响游戏体验的主要问题。例如，功能性问题可能表现为游戏机制的错误或不一致，这需要对游戏的核心机制进行调整和修正。视觉效果问题可能包括界面的不协调、图形不清晰等，这通常需要重新设计和优化图形资源或用户界面。

通过对反馈数据的深入分析，识别出这些关键问题，并区分出哪些问题对玩家体验的影响最大。针对识别出的关键问题和改进点，团队需要制订一个详细的改进计划。该计划应包括具体的改进措施和实现步骤。例如，如果玩家反馈指出某个功能不易用，改进计划应包括重新设计该功能的交互流程，或者增加帮助提示和教程；如果视觉效果问题被识别为不符合设计标准，改进计划应包括重新设计相关的图形和动画，确保改进措施针对实际问题，并能够有效地解决玩家提出的具体问题。根据问题的优先级排序，首先解决对游戏体验影响最关键的问题。这样可以确保最严重的问题得到及时解决，从而提高游戏的整体质量。优先级排序通常基于问题的严重性、出现频率以及对玩家体验的影响程度。

对于较小的问题，可以在主要问题解决后再进行处理。实施过程中要持续跟踪改进措施的效果，确保它们能够解决原先的问题并改善玩家体验。在改进后，可能需要进行再次测试以验证修复效果，确保修改不会引入新的问题。形成详细的改进记录报告，包括已解决的问题、未解决的问题及其解决方案、实施的改进措施和其效果等。这份报告有助于开发团队了解整个改进过程，确保游戏在最终发布前达到最佳状态，并为未来的测试和优化提供参考。

第三节　世界观的修正与完善

一、用户反馈的处理

在游戏世界观设计过程中，有效地处理用户反馈是修正和完善设计的关键。系统化地收集、分析和应用用户反馈可以显著提升游戏的整体体验。为了确保能够系统化地收集用户的意见和建议，团队应通过多种渠道获取反馈。这些渠道包括问卷调查、焦点小组讨论、玩家测试、在线评论和社交媒体等。重要的是，反馈渠道应简便易用，并鼓励用户提供详细和建设性的意见。这样可以确保收集到的反馈信息既全面又具有实际参考价值。一旦收集到用户反馈，接下来要对这些反馈进行分类和整理。这一过程涉及将反馈按照不同类别（如功能问题、视觉设计、游戏机制、用户体验等）进行分类。使用反馈管理工具可以帮助开发团队系统化地组织和跟踪这些反馈信息，使得后续的分析和处理更加高效。

在分析用户反馈时，开发团队需要评估每条反馈的重要性，确定其影响程度和优先级。这包括分析反馈的频率、严重性以及对整体游戏体验的影响。对于那些对游戏体验具有显著影响的问题，应优先处理，同时考虑反馈的可行性和实施难度。通过这些分析，团队可以识别出设计中的主要缺陷或不足，并制订相应的修正计划。根据反馈，团队需要制订详细的改进方案，明确需要改进的设计元素，并设定优先级。[①] 修正计划应包括具体的改进措施、责任人、时间表和资源需求。这一计划将指导后续的设计调整和优化工作。这可能涉及改善游戏机制、优化视觉效果、调整用户界面等方面。在实施过程中，团队需要与开发人员密切合作，确保所有的修正和优化措施得到有效执行。

团队邀请用户体验改进后的设计，并收集他们的反馈。这一过程可以确认问题是否得到了解决，同时评估改进是否有效提升了用户体验。持续收集用户反馈是确保设计持续符合用户需求的关键。定期进行用户测试和调查，有助于发现新的问题和改进机会，从而不断优化设计。团队应通过更新公告、开发日志、社交媒体等渠道，向用户传达反馈处理的结果和后续计划。这不仅展示了团队在改进中的努力，还表达了对用户反馈的感谢。

此外，维护最新的设计文档和开发计划，记录已完成的修正和优化，可以确保所有相关人员了解游戏设计的最新状态和实施情况。

通过上述系统化的处理过程，设计团队能够有效地修正和完善游戏世界观，从而提升用户体验和满意度。这一过程不仅优化了当前的设计，还为未来的设计和开发提供了宝贵的经验和指导。

二、世界观的优化

优化游戏世界观是提升游戏设计质量和玩家体验的重要步骤。这个过程包括对现有设计的全面审查、制定优化策略、实施优化措施、进行测试与验证、迭代改进以及持续监控和维护。

---

① 王鹤、彭璐：《符号学视野下游戏 IP 形象设计研究》，《包装与设计》，2023 年第 6 期，第 146–147 页。

首先，需要对现有世界观进行深入审查，评估背景故事、角色设定、社会结构和文化背景，识别这些元素的优点和不足，确保它们能够有效支持游戏的主题和玩家体验。审查过程中还需收集用户反馈，了解玩家对世界观的理解、参与感和沉浸感，这些反馈有助于识别设计中的问题和改进点。

其次，在审查基础上，制定优化策略，设定明确的改进目标，如提升沉浸感、增加故事深度或优化角色设计。制订具体的优化措施和实施计划，包括调整世界观背景、重新设计角色以及增强互动元素，确保这些措施有明确的优先级、时间表和资源需求。实施优化措施时，需要改进背景故事、历史事件和文化设定，使其更加吸引人且具有一致性。同时，重新设计角色的外观、背景故事和个性特点，使其更符合世界观的整体氛围，并提升与玩家的情感联系。

最后，增强互动元素，通过引入更多任务系统、选择分支和事件触发等，提升玩家的参与感。先要进行内部测试，邀请团队成员体验优化后的设计，记录问题和反馈，进行必要的调整。随后进行外部测试，获取目标玩家的真实反馈，评估优化效果，关注玩家的体验、理解和满意度。根据测试结果分析问题，实施进一步改进，调整和修正设计中存在的问题，确保优化措施有效并不断提升世界观的质量。定期跟踪玩家反馈，关注用户评论和数据，了解玩家对世界观的看法和建议，及时进行调整和改进。定期更新和扩展世界观，引入新的故事线、角色和事件，以保持游戏的新鲜感和活跃度，满足玩家不断变化的需求。

通过这些措施，能够不断提升游戏的整体体验和吸引力。

三、世界观的最终确定

全面审查设计是优化游戏世界观的关键步骤，确保所有设计细节和修改都正确记录且一致。回顾设计文档的目标是确保所有设计细节和修改都已正确记录，并且一致性得到保持。方法是检查并更新所有相关文档，包括世界观背景、角色设定、社会结构、文化背景等。这些文档应准确反映最终的设计意图和目标。世界观背景审查背景故事，确保其连贯性和一致性，确认所有历史事件和文化设定都支持游戏的核心主题和玩法。

角色设定方面，重新检查角色的背景故事、个性特点和外观设计，确保角色在世界观中有明确的定位和作用。社会结构和文化背景方面，分析世界观中的社会结构和文化背景，确保其与游戏的整体设定和氛围一致。

确认设计一致性的目标是确保世界观的各个元素在视觉、叙事和功能上保持一致性。方法是审查世界观中的所有设计元素，确保它们在风格、主题和故事线方面的一致性。检查各个元素之间的协调性，确保它们共同支持游戏的核心主题和玩法。

进行最终测试的目标是验证最终设计是否满足预期并确保没有遗漏的关键问题。方法是进行综合测试，包括功能测试、视觉测试、交互测试等。邀请内部团队成员和外部测试人员进行体验，重点关注世界观的完整性和用户体验。通过问卷调查、访谈、玩家反馈收集系统等方式收集最终反馈，关注玩家对世界观的理解、参与感和整体满意度。

实施最终调整的目标是根据最终测试的反馈解决最后存在的问题。方法是调整和优化世界观中的设计元素，以解决反馈中提到的问题。修复可能存在的错误或不一致，并进行必要的设计修改。

对调整后的设计进行重新测试，确认修改后的效果是否符合预期，确保所有修正和优化都有效，并未引入新的问题。方法是更新和整理最终设计文档，确保所有设计细节和修改都得到记录，包括背景故事、角色设定、社会结构等文档的最终版本。

发布和推广的目标是将最终确定的世界观发布并推广给目标玩家。方法是制订发布计划，包括宣传材料、开发日志、游戏介绍等，通过社交媒体、游戏网站、新闻稿等渠道向玩家介绍游戏的世界观和特色。方法是监控玩家的评论和反馈，收集数据以评估世界观的接受度，根据玩家的意见进行必要的后续调整和改进。根据玩家需求和游戏发展进行世界观的更新和扩展，引入新的故事情节、角色和事件，以保持游戏的活跃度和吸引力。

第四节　红色题材项目世界观的特别考虑

一、尊重历史事实

红色题材的项目首先要进行详细的研究和准备工作，确保对重要历史事件的准确再现。具体方法包括查阅历史文献、档案资料和学术研究，以全面了解重大历史事件、时间节点和关键人物。此外，咨询历史学家或相关专家，获取专业意见也是必要的，这有助于确保对历史事实的准确把握。在游戏中忠实呈现历史背景同样重要，目标是营造真实的历史氛围。这可以通过再现历史背景中的重要场景和细节，如战役地点、重要建筑、军事装备和服装等来实现。

其次，在创作故事情节时，必须保持故事的真实性，确保不偏离历史事实。方法是在故事情节设计中，尽量使用历史上真实发生的事件和人物。即使进行艺术加工，也应确保不违背历史的基本事实和逻辑。同时，在不违背历史事实的前提下，适当的艺术加工可以增强故事的戏剧性和吸引力。可以适当添加虚构的情节和角色，丰富故事线条，但要确保这些虚构部分与历史背景相符，不造成误导。例如，虚构一些普通人的故事，通过他们的视角展示历史事件，这样既能增强故事的情感深度，又能保持历史的真实性。

第三，深入了解历史人物是准确描绘他们性格、思想和行为的基础。方法是通过阅读传记、回忆录和历史文献等，深入了解历史人物的生平和事迹。[①] 了解他们的言行举止、性格特征和思想观念，以便在游戏中准确还原。

第四，避免刻板印象同样重要，目标是避免对历史人物的过度简化或扭曲。方法是呈现历史人物的多面性，避免将他们简单化为英雄或反派。展示他们在不同情境下的复杂性和人性，使角色更加立体和真实。尊重历史事实，避免不当的历史扭曲，是确保游戏不引发争议和误导的基础。在处理历史敏感事件和人物时，保持严谨和尊重的态度，避免在重大历史事件和人物上进行不当的虚构或夸大。

最后，关注历史教育也是重要目标，通过游戏促进历史知识的传播和教育。在游戏中融入历史知识，增加历史事件和背景的说明，使玩家在娱乐的同时学习历史。通过互动内容和信息展示，帮助玩家更好地理解和认识历史。这不仅可以提高游戏的教育价值，还能增强玩家对历史的兴趣和理解。

通过以上这些步骤，可以确保游戏世界观在设计、玩法和用户体验等方面达到最佳状态，从而增强其吸引力和适应性。这些措施不仅有助于提升游戏的质量和玩家体验，还能通过教育和娱乐相结合的方式，传播历史知识，促进玩家对历史的了解和认识。

二、传承红色精神

核心价值观的传递是红色题材游戏设计中的重要环节。通过具体的方法和策略，可以有效地传递革命精神、奋斗精神和爱国主义精神。首先，通过角色的言行和情节的发展，可以展现革命先辈在艰难困苦中坚持斗争、不怕

---

① 黄天益、赖守亮：《浅析游戏设计中的虚拟美学及其体验》，《才智》，2017 年第 20 期，第 270–270 页。

牺牲的精神。例如，塑造坚定的革命者形象，描述他们在面对敌人压迫时的勇气和智慧。同时，还可以设计一些关键场景和情节，如革命者在战场上与敌人英勇作战，或在艰难困境中坚持信仰，带领队伍走向胜利。通过这些生动的描绘，让玩家感受到革命者的坚韧和无畏，目标是弘扬为实现理想和目标不懈奋斗的精神。

其次，通过故事情节可以展示革命者和普通民众在追求自由和解放过程中，克服重重困难、不断努力的过程。强调他们在奋斗中所体现出的毅力、耐心和团队合作精神。例如，设计一些任务和关卡，让玩家经历革命者和民众在艰苦环境中的奋斗过程，如长途跋涉、组织起义、艰难求生等。突出革命者的顽强拼搏精神，激励玩家在游戏中不断努力、勇往直前。目标是激发玩家的爱国热情和民族自豪感。

第三，通过情节设计可以展现国家和民族面临危机时，革命者们如何挺身而出、为国家独立和人民幸福而奋斗的故事。强化玩家对国家历史的认同感和使命感。例如，设置一些重大历史事件的再现，如抗日战争中的关键战役、解放战争中的重要战斗等，让玩家体验到革命者为了国家独立和人民解放所做出的巨大牺牲，激发他们的爱国情怀。目标是通过真实再现历史事件，弘扬红色精神，并通过创新形式吸引现代玩家。选取革命历史中的重要事件和人物，通过游戏情节生动再现。例如，描述长征、抗日战争、解放战争等关键时期的故事，让玩家亲身体验历史事件，感受革命先辈的奋斗历程。结合现代科技和艺术手段，如虚拟现实、增强现实、互动剧情等，使历史故事更加生动有趣。通过游戏任务、互动体验等方式，使玩家在娱乐中学习和传承红色精神。

第四，在游戏中设置历史知识点、任务和挑战，可以鼓励玩家探索和学习。例如，通过完成任务解锁历史事件的详细介绍，或通过角色对话传达历史背景知识。也可以通过故事情节和角色塑造启迪玩家的思想和情感。塑造有深度、有感染力的角色和故事情节，能够使玩家在游戏中受到精神的启迪和情感的共鸣。例如，通过角色的成长和转变，展示红色精神对他们的影响，使玩家在角色的经历中获得思考和感悟。

最后是文化传承的实现。目标是通过游戏传播红色文化，增强文化认同感。在游戏中融入红色文化元素，如革命歌曲、标志性建筑、传统节日等。这样可以通过视觉和听觉体验，使玩家感受到红色文化的独特魅力。同时，通过游戏社区平台，促进玩家之间的互动和分享，共同传承红色精神。另外，设置社区讨论区、玩家分享平台等，可以鼓励玩家分享游戏体验和历史知识。组织线上活动、比赛等，能够增强玩家的参与感和归属感。通过以上这些方法和策略，红色题材项目可以有效地传承和弘扬红色精神，不仅为玩家提供丰富的娱乐体验，还能在潜移默化中教育和启迪玩家，激发他们的爱国热情和奋斗精神。

三、融合现代元素

在红色题材项目中，现代元素的融合不仅能增加游戏的吸引力，还能使红色精神与现代社会价值观相结合，使其更贴近当代玩家的需求和兴趣。通过应用现代科技，可以增强玩家对红色题材的感受和理解。例如，利用虚拟现实和增强现实技术再现历史场景，使玩家仿佛置身于革命时期，亲身体验历史事件。通过互动体验，让玩家参与到关键历史时刻中，如战斗场景、重要会议等，可以增加真实感和参与感。

人工智能和大数据技术的应用可以提升游戏的智能化和个性化。利用人工智能技术实现智能 NPC 的行为和对话，使其能根据玩家的行动和选择做出相应反应。通过大数据分析玩家行为，优化游戏内容和难度，可以提供个性化的游戏体验。在视觉设计上，现代美术风格与传统元素的结合可以在保留红色题材历史感的基础上，加入现代美术风格，吸引年轻玩家。同时，结合现代设计理念，采用更为鲜明和时尚的色彩搭配，设计符合当代审美的角色形象和场景，并融入传统红色题材的经典元素，如红旗、革命标语等，也可以保持历史感。

在界面和用户体验设计方面，提供直观、流畅的用户体验，通过使用现代化的 UI 设计简洁直观的界面布局，能够方便玩家操作。加入现代交互设计元素，如动态效果、触摸控制等，可以提升用户体验。现代元素可以通过复杂的叙事结构和自由度，增强游戏的深度和可玩性。采用多线叙事结构，让玩家在不同角色和视角间切换，可以体验不同的故事线和历史事件。设计开放世界，让玩家自由探索和发现，也能够增加游戏的自由度和互动性。

在故事情节中融入现代社会关切的主题，如和平、环保、科技进步等，通过历史故事与现代主题的结合，可以使玩家在回顾历史的同时，思考当代社会问题。在传统革命歌曲和音乐的基础上，加入现代音乐元素，如电子音乐、交响乐等，能够创造更具感染力的背景音乐。根据游戏情节和场景的变化，动态调整音乐，也能增强代入感。音效设计方面，使用现代音效技术，制作逼真的环境音效和战斗音效，可以使玩家更有临场感。

结合 3D 音效技术，根据玩家位置和动作动态调整音效，提升沉浸感。通过加入现代社交功能，如好友系统、组队系统、在线聊天等，让玩家在游戏中可以与其他玩家互动和合作。通过社交互动，形成游戏社区，能够增强玩家的黏性和忠诚度。设计支持多种平台的游戏版本，如 PC、主机、移动设备等，可以通过多平台支持扩大玩家群体。通过云游戏技术，也可以实现跨平台的数据同步和无缝衔接。现代元素的融合不仅可以增强红色题材游戏的吸引力和可玩性，还能使其更符合当代玩家的需求和喜好。在传承和弘扬红色精神的同时，通过现代科技和设计手法，使其更具时代感和现实意义。

第六章

关于世界观的一些其他思考

第一节　世界观的跨文化影响

一、不同文化背景下的世界观接受度

（一）文化认同与共鸣

不同文化背景的玩家对游戏世界观的认同和共鸣程度可能会有所不同。如果一个游戏的世界观能够与玩家的文化背景产生共鸣，玩家将更容易接受和沉浸其中。游戏设计者需要在游戏中融入本地文化元素，同时体现普世价值观。

以下是一些详细的方法和例子，说明如何在游戏中实现这些目标。融入本地文化元素可以极大地增强玩家的认同感。例如，在东亚地区，游戏可以融入东方神话和武侠元素，如中国的《西游记》、日本的《古事记》或韩国的《三国遗事》。通过这些熟悉的文化元素，玩家可以更容易在游戏中找到共鸣，并对游戏产生更深的兴趣。

在游戏中使用本地语言和方言也可以极大地增强玩家的沉浸感。比如在拉美地区的游戏中，使用西班牙语或葡萄牙语并在对话中加入当地的俚语和习惯用语，可以让玩家感到更加亲切和自然。配音和字幕的本地化处理也能有效提升游戏的接受度。例如，一个游戏的主线任务可以是揭露一个腐败政权的阴谋，玩家需要通过自己的努力来捍卫正义。这种情节设置能够引发玩家的情感共鸣，不论他们来自哪个文化背景。例如，在战争题材的游戏中，玩家扮演的角色需要在面对强大敌人的情况下表现出无畏和坚韧的精神。[①]这种勇气和毅力的描写可以激励玩家，并使他们在游戏中找到一种情感的共鸣和满足感。

友谊是跨文化的共同情感。游戏中可以通过多角色互动和团队合作来体现友谊的价值。例如，在一个冒险游戏中，玩家和他们的队友需要共同面对挑战，互相支持和帮助。玩家不仅能在游戏中体验到友谊的力量，还能在现实中感受到友谊的重要性。《刺客信条》系列游戏在其设计中成功融入了不同的地域文化元素，同时体现了普世价值观。例如，《刺客信条：起源》深入描绘了古埃及的历史和文化，通过详细的环境设计和历史事件再现，玩家能够沉浸在那个时代的埃及。同时，游戏的故事情节强调了正义和勇气的价值，玩家通过角色的行动来对抗暴政和不公，体验到了一种跨越文化的情感共鸣。

《最终幻想》系列游戏在全球范围内广受欢迎，其成功的一个重要原因是，它在不同文化背景中都能找到共鸣。

游戏中融入不同文化的神话和传说，同时通过复杂的故事情节和深刻的角色描写来体现普世价值观。友谊、勇气和正义是贯穿整个系列的重要主题，玩家在游戏中不仅体验到了一场视觉和感官的盛宴，还在情感和思想上得到了深刻的共鸣。通过这些方法，游戏设计不仅能够满足不同文化背景玩家的需求，还能在全球范围内广泛传播，获得更高的认同和共鸣。这样，游戏不仅是一种娱乐方式，更成为跨文化交流和理解的平台。通过将本地文化元素与普世价值观相结合，游戏设计者可以创造出既具有地方特色又能跨越文化

---

① 杭大川：《政治正确与电子游戏：谈〈最后生还者〉角色设计演变》，《装饰》，2023 年第 10 期，第 91–96 页。

界限的优秀作品。

（二）文化差异与挑战

跨文化设计面临的主要挑战是不同文化背景下的价值观、审美和行为规范的差异，这些差异可能会显著影响玩家对游戏世界观的接受度和沉浸感。理解和应对这些差异对于设计一个能够吸引全球玩家的游戏至关重要。不同文化对某些主题的接受度存在显著差异。例如，在某些文化中，暴力内容可能被广泛接受并视为正常的游戏元素，而在另一些文化中，这类内容可能被视为不适宜和有害。为了避免这些问题，设计者可以考虑进行广泛的文化研究，并咨询文化专家，以确保游戏内容能够被不同文化背景的玩家接受和理解。

不同文化对美的理解和偏好有所不同，例如，西方玩家通常更偏好写实风格的游戏，这种风格通常注重细节和真实性，旨在提供逼真的视觉体验。而东方玩家则可能更偏爱卡通或幻想风格，这种风格通常更具艺术性和创意，带有丰富的色彩和独特的设计元素。在设计视觉元素时，需要综合考虑这些差异，以增强游戏对不同文化背景玩家的吸引力。例如，可以设计多种视觉风格的选项，允许玩家根据自己的审美偏好进行选择。

不同文化对行为规范和社会互动的期望可能有很大差异。例如，一些文化重视团队合作和集体主义，玩家在游戏中可能更倾向于合作和共同完成任务。而另一些文化则更重视个人主义和独立性，玩家可能更喜欢独自探索和完成挑战。在设计游戏机制和互动方式时，需要考虑这些行为规范，以确保游戏能够吸引和留住来自不同文化背景的玩家。例如，可以设计多种玩法模式，包括合作模式和单人模式，满足不同玩家的需求。

为了有效应对这些挑战，游戏设计者可以采取多种策略。在设计过程中融入本地文化元素是增强玩家认同感的一种有效方式。通过融入传统习俗、历史事件等本地文化元素，可以让玩家感受到文化的亲切感和归属感。例如，可以融入东方神话和武侠元素，这类元素通常具有强烈的文化认同感，能够吸引本地玩家的兴趣和参与。尽管文化背景各异，一些普世价值观如正义、勇气和友谊是跨文化的。在设计游戏世界观时，强调这些普世价值观可以增强不同文化背景玩家的接受度和共鸣感。这些价值观在全球范围内具有普遍的吸引力，可以在不同文化背景下产生共鸣。例如，通过描绘正义的战斗、勇敢的冒险和深厚的友谊，可以让玩家在游戏中找到共鸣，感受到人类共同的情感和价值。设计多样化的视觉风格也是满足不同文化背景玩家审美需求的有效方法。例如，可以提供不同的角色皮肤、服装和场景风格，允许玩家根据自己的偏好进行选择。这种设计不仅可以满足不同文化背景玩家的审美需求，还可以增加游戏的可玩性和吸引力。

另外，通过不断更新和推出新的视觉元素，可以保持玩家的新鲜感和持续参与度。设计团队应接受文化敏感性的培训，了解和尊重不同文化的禁忌和偏好，从而在游戏设计中避免无意冒犯。文化敏感性的培训可以帮助设计团队更好地理解不同文化的独特性和复杂性，从而在设计过程中做出更加明智和尊重的决策。此外，通过与文化专家和本地社区的合作，可以确保游戏内容和设计更加贴近目标文化，避免不必要的误解和争议。游戏设计可以更好地适应跨文化背景，增强不同文化背景玩家的接受度和共鸣感，不仅可以提升游戏的全球吸引力和市场竞争力，还可以促进不同文化之间的理解和交流，使游戏成为一种跨文化沟通和分享的平台。在全球化日益加深的今天，这种跨文化设计的能力将成为游戏行业的重要竞争优势。

（三）跨文化传播与适应

为了提高不同文化背景下的世界观接受度，游戏设计者需要在跨文化传播和适应方面下功夫。通过本地化和文化适应，游戏世界观可以更容易被不同文化背景的玩家接受。这不仅能提升游戏的市场竞争力，还能促进文化交流和理解。本地化不仅仅是简单的语言翻译，还包括对文化元素的全面调整。语言是文化的重要组成部分，但仅仅翻译语言还远远不够。游戏内容需要根据不同文化的规范和习惯进行改编。例如，角色名称、场景设置和故事背景都可以进行调整，使其更贴近当地玩家的生活体验和文化认知。通过这样的调整，游戏可以更好地融入当地文化，提高玩家的代入感和认同感。一个名字在某个文化中可能具有特定的含义或象征，而在另一个文化中则可能完全不同。因此，设计者需要确保角色名称在不同文化中都能被接受，并且不会引起误解或负面反应。

不同文化对环境、建筑和装饰也有不同的审美和象征意义。通过调整场景设计，使其符合当地的建筑风格、自然景观和文化象征，可以增强玩家的亲切感和归属感。例如，东方游戏场景可以融入传统建筑、园林和自然元素，而在西方地区，则可以融入哥特式建筑、城市景观等。故事背景的调整可以使游戏更贴近当地历史和文化。例如，可以在游戏中融入当地的历史事件、传说和神话，使玩家在游戏中感受到熟悉的文化元素。同时，也可以设计一些虚构的故事情节，但要确保这些情节在文化上是可接受的，不会引起争议或抵触。

游戏设计者可以通过与本地文化专家合作，深入了解并融入当地文化特点。这些专家可以提供宝贵的意见和建议，帮助设计者更好地把握文化差异，避免文化冲突。在游戏推广方面，可以设计适合本地市场的宣传和运营策略。例如，在游戏发布时，可以选择与当地文化节日或重要事件相结合，增强游戏的曝光度和吸引力。在宣传材料中，可以融入当地文化元素，使其更容易被当地玩家接受和喜爱。通过建立本地化的社区平台，提供符合当地文化的互动和交流方式，可以增强玩家的参与感和归属感。在社区活动中，可以融入当地文化特色，设计有趣的活动和比赛，增强玩家的互动和交流。

二、跨文化交流中的世界观设计

（一）文化共通性的挖掘与应用

通过普世主题和跨文化符号的巧妙应用，可以使游戏更具全球吸引力，同时尊重和融合多样的文化背景。选择普世主题是一种有效的方法，可以确保游戏内容能够跨越文化界限，引起不同文化背景玩家的共鸣。普世主题如爱、勇气、友谊和正义等，在全球范围内都有广泛的认可和情感联结。例如，无论是东方还是西方文化，英雄的奋斗和胜利都是共通的主题。这些主题可以通过不同的叙事方式呈现，但其核心情感和价值观是全球玩家都能理解和接受的。这种共通性不仅能增强玩家的参与感，还能提升游戏的普遍吸引力。

在具体实施中，设计者可以在游戏剧情、角色塑造和任务设置中融入这些普世主题。例如，可以设计一个以"勇气"作为核心主题的故事情节，无论是设定在神秘的幻想世界还是未来的科幻场景中，这种对"勇气"的追求和展示都会引起玩家的共鸣。此外，通过角色间的友情和合作、对正义的坚持等情节设计，可以在全球范围内激发玩家的情感共鸣。这些符号和象征物在多种文化中具有相似或相近的意义，可以作为游戏世界观的一部分，帮助玩家在全球范围内建立连接。例如，龙是一个在东方文化中代表权力和好运的符号，而在西方文化中，龙同样具有强大的象征意义。

通过在游戏中巧妙地运用这些具有跨文化共鸣的符号，设计者能够创造出更具全球吸引力的世界观元素。设计者还可以运用其他跨文化符号，如太阳和月亮，它们在不同文化中通常象征光明、力量和周期变化。这样的符号不仅能强化游戏的视觉风格，还能在全球玩家中建立起普遍的认知和情感联系。设计者可以通过这些符号设计独特的游戏场景、任务目标和角色特征，使其在各个文化背景下都能产生共鸣。为了确保这些共通性的有效应用，设计者可以进行跨文化研究，了解不同文化中符号和主题的具体意义和背景。与本地文化专家合作，深入了解和融入各种文化的独特元素，可以进一步优化游戏的设计，使其更具全球化的吸引力。

（二）尊重与包容文化差异

在跨文化世界观设计中，尊重并包容文化差异是避免误解和文化冲突的关键，这有助于提高玩家的接受度和满意度。通过本地化与文化适应以及多元文化的展示与融合，游戏能够更好地适应全球市场的需求。本地化不仅包括语言翻译，还涉及内容、视觉和交互设计的调整。为了使游戏更符合目标市场的文化特点，设计者需要深入了解每个市场的文化背景和玩家习惯。

在角色服装方面，设计者应避免使用可能引发文化争议的设计元素。建筑风格的设计同样需要考虑本地文化的审美和历史背景。例如，游戏中的城市建筑可以参考目标市场的历史建筑风格，避免使用与本地建筑传统不符的设计，这样可以增加玩家的文化认同感和游戏的真实性。在节日和习俗方面，游戏中的节日活动和庆典应融入当地文化特色，使玩家感受到游戏世界与他们的现实生活之间的联系。例如，在游戏中添加当地传统节日的庆祝活动，可以增强游戏的文化沉浸感，让玩家感受到本土化的细节和氛围。

创建一个包含不同文化区域的开放世界，每个区域都有其独特的文化、风俗和历史背景，可以为玩家提供丰富的游戏体验。例如，设计一个游戏世界，其中包括受东亚文化启发的区域、受欧洲古典文化影响的区域以及受非洲传统文化影响的区域，这样的设置不仅能展示多样的文化，还能让玩家在探索过程中体验到各种文化的独特魅力。这些文化区域可以通过独特的建筑风格、风俗习惯、音乐和服装等元素来展示。例如，在东亚区域，可以设计传统的庙宇、园林景观和穿着传统服饰的角色；在欧洲古典区域，可以展示古罗马式的建筑和骑士文化；在非洲区域，则可以展现部落风格的建筑和民族音乐。通过这些文化差异的展示，玩家可以在游戏中体验到不同的文化环境和风格，增加游戏的深度和趣味性。

多元文化的融合不仅能丰富游戏的世界观，还能增强玩家的全球视野和文化认同感。通过在游戏中融合不同的文化元素，设计者能够创造出一个具有全球吸引力的游戏世界，使其不仅能够吸引本地玩家，还能吸引来自不同文化背景的玩家。玩家在游戏中遇到各种文化背景的角色和任务，可以激发他们的好奇心和探索欲望，同时也能促进他们对其他文化的理解和尊重。尊重文化差异和融合多种文化元素不仅能避免文化冲突，还能提升游戏的全球市场接受度。通过精确的本地化与文化适应以及多元文化的展示与融合，游戏设计者能够打造一个更加丰富和多层次的游戏世界，为玩家提供更为真实和深刻的游戏体验。这种设计方法不仅能够增强游戏的全球吸引力，还能在全球范围内促进文化交流和理解。

三、案例分析：跨文化成功的游戏世界观

（一）《我的世界》（*Mine Craft*）

《我的世界》作为一款开放世界的沙盒游戏，其全球成功展现了游戏在跨文化设计中的杰出表现。这款游戏的核心理念是创造和探索，这些主题在全球各地都具备普遍的吸引力。游戏为玩家提供了一个高度自由的虚拟世界，允许他们根据个人的创意进行建造和探索。玩家可以从创建简单的房屋到建造宏伟的城市，甚至模拟复杂的机械系统，所有这些都体现了游戏对玩家创造力的充分尊重和鼓励。这种自由度不仅提升了玩家的参与感和沉浸感，还让他们能够在游戏中找到独特的乐趣，无论其文化背景如何。

《我的世界》采用了简约的像素风格，这种视觉设计避免了复杂的文化符号和具体的审美差异，使其更加普适。这种简约的风格不仅减少了文化误

解的可能性，还使得游戏能够被各种文化背景的玩家接受和欣赏。像素风格的设计让《我的世界》在视觉上保持了一种中立性，使得不同地区的玩家可以以自己的方式诠释游戏世界而不会感到违和或排斥。《我的世界》的全球影响力不仅体现在其核心玩法和美术风格上，还包括了其用户生成内容和社区活动的繁荣。游戏的开放性激发了玩家的创造潜力，促使他们创建了大量的自定义模组、地图和专属服务器。这些玩家生成的内容不仅丰富了游戏的多样性，还促进了全球玩家之间的互动与合作。

社区活动如论坛讨论、模组分享和多人合作挑战，使得玩家可以在游戏外的社交平台上继续交流和协作，进一步增强了游戏的跨文化影响力。许多教育工作者和学术机构利用《我的世界》的创造性和探索性来激发学生的兴趣和学习热情。游戏被广泛应用于课堂教学和学术研究中，作为一种教育工具，它促进了学生对数学、工程、历史等学科的理解，并在跨文化的环境中促进了合作与交流。学生通过游戏中的合作项目和挑战，能够跨越文化差异，建立团队合作精神，并共同完成任务。

《我的世界》的成功不仅仅在于其创新的游戏机制和视觉设计，更在于它通过普遍的创造性和探索精神，以及简约且通用的美术风格，成功地跨越了文化界限。游戏的全球受欢迎程度和广泛的社区互动证明了它在文化适应和玩家共鸣方面的卓越成就。通过激发玩家的创造力、促进社区交流和在教育领域的应用，《我的世界》确立了其作为一个真正的跨文化现象的地位。

（二）《刺客信条》（*Assassin's Creed*）系列

《刺客信条》系列是一款以历史为背景的动作冒险游戏，其全球成功体现了游戏在跨文化设计中的卓越表现。游戏系列涵盖了多个历史时期和地区，如古埃及、文艺复兴时期的意大利、古希腊等，这种历史和文化的多样性使得《刺客信条》能够吸引全球各地的玩家。每一个历史背景都经过细致的研究和考证，游戏中的城市景观、建筑、服饰以及文化习俗等元素都力求还原真实的历史风貌。这种对历史和文化的深度挖掘不仅增强了游戏的沉浸感，也让玩家在探索游戏世界的过程中，能够获得丰富的历史知识和文化体验。游戏中的历史背景再现也非常细致。

《刺客信条》系列尊重历史事实，设计者通过对各个历史时期的详细研究，将这些时期的独特风貌呈现在玩家面前。同时，游戏将历史与虚构的刺客与圣殿骑士的冲突相结合，融入了神秘和冒险元素，这种处理方式让游戏世界更加生动有趣。虚构的元素不仅增加了游戏的戏剧性和趣味性，还让玩家能够在游戏中体验到一种超越历史的冒险感。这种结合使得游戏不仅仅是对历史的展示，更是一个充满幻想和探险的虚拟世界。《刺客信条》通过不同的历史时期和文化背景，使玩家能够在游戏中找到自己感兴趣的历史元素。不论是对古埃及文明感兴趣，还是对文艺复兴时期的艺术和科学感兴趣，游戏都能够满足玩家的探索欲望。

游戏中的丰富内容和精细的历史背景不仅增强了玩家的参与感，也提升了游戏的教育价值，使玩家能够在娱乐中学习和了解不同的历史和文化。《刺客信条》系列因其对历史背景和文化的细致呈现而获得了全球玩家的高度评价。游戏的成功不仅体现在其复杂的叙事和精美的视觉设计上，更在于它能够跨越文化和地域的界限，吸引来自不同背景的玩家。通过将真实的历史和虚构的冒险元素相结合，《刺客信条》成功地创造了一个多层次、富有深度的游戏世界，使其成为一个跨文化的成功案例。

（三）《宝可梦》（*Pokémon*）系列

《宝可梦》系列是一款极具影响力的角色扮演游戏，其跨文化成功的要素可以从多个角度进行深入分析和探讨。《宝可梦》的核心玩法围绕冒险和宝可梦的收集展开，这种玩法设计具备了广泛的全球吸引力。游戏的核心要素是探索虚拟世界并收集各种宝可梦，这种玩法不仅符合多种文化背景下的玩家的需求，还迎合了人们对探索未知和收集成就的普遍喜好。

在游戏中，玩家可以在一个充满各种奇妙生物的世界中进行冒险，这种探索未知的体验无论在哪种文化中都能够引发玩家的兴趣。此外，宝可梦的设计充分考虑了不同文化的审美取向。例如，西方玩家可能更喜欢具有强大力量和威武形象的宝可梦，如龙形或机械型宝可梦，而东方玩家则可能更偏爱具有可爱和神秘色彩的，如各种小动物型和神话型宝可梦。这种跨文化的设计让《宝可梦》能够满足全球玩家的不同审美需求，从而提高了其全球吸引力。

《宝可梦》在全球市场的成功很大程度上依赖于其精细的本地化策略。虽然《宝可梦》起源于日本，但其开发团队在将游戏推广到国际市场时进行了全面的本地化处理。这种本地化不仅仅是语言的翻译，更包括对游戏内容和文化元素的调整，以适应不同地区玩家的文化背景。例如，游戏中的角色名称、地名、故事情节和文化背景等都经过了适当的修改，以使其更贴近目标市场的文化认知。这样的本地化调整确保了游戏在各个文化背景下都能保持一致的品牌体验，同时也尊重和融入了当地文化，从而使游戏更容易被全球玩家接受。

《宝可梦》不仅通过全球化的核心玩法吸引玩家，还通过多元化的文化展示增加了游戏的深度和广泛性。游戏中的虚构生物（宝可梦）设计吸取了不同文化中的元素。例如，宝可梦中的一些设计灵感来自日本的传统文化，而另一些则融合了西方的神话和传说。通过这种多元化的文化展示，游戏不仅能够吸引来自不同文化背景的玩家，还能够帮助他们在游戏中体验到自己文化之外的有趣元素。这种多元化的展示方式不仅丰富了游戏的内容，还使得《宝可梦》成为一个全球性的文化现象。

《宝可梦》系列的成功不仅体现在其游戏产品上，还体现在其跨媒体的影响力上。除了游戏外,《宝可梦》还涵盖了大量的相关商品，如玩具、卡牌、服装等，这些商品的销售进一步巩固了其全球品牌的影响力。此外，游戏还扩展到了电视节目、电影和漫画等领域，这种跨媒体的拓展使《宝可梦》不仅仅是一个游戏品牌，更成了一个全球文化现象。通过这些媒体的多维度传播,《宝可梦》在全球范围内建立了深远的文化影响力，使其成为一个跨文化的标志性品牌。《宝可梦》系列的成功展示了游戏在跨文化设计中的关键因素，包括全球玩家的普遍兴趣、精细的本地化策略、多元化的文化展示以及广泛的跨媒体影响力。这些因素共同作用，使《宝可梦》不仅在游戏领域取得了巨大成功，还在全球范围内建立了深远的文化影响力，成为跨文化游戏设计的成功案例。

第二节　世界观与游戏扩展

一、如何将游戏世界观扩展到其他媒体

（一）跨媒体叙事

跨媒体叙事是一种在不同媒体平台上讲述连贯故事的策略，每个平台都通过独特的内容和视角丰富整体叙事。跨媒体叙事的核心在于确保在不同媒体平台上的故事、角色的设计保持一致。游戏开发者和内容创作者需要仔细规划和协调每种媒体中的叙事内容。这种一致性保证了无论玩家或观众选择哪种媒体平台，都能获得统一而连贯的体验。如果一个游戏设有复杂的世界观和丰富的角色故事，可以通过多个媒体平台来扩展这些故事情节。如果游戏中的主要故事情节可以在游戏中进行核心展示，而其他媒体如书籍、漫画和电影则提供更详细的背景故事和角色发展。

在书籍中，可能会深入探讨游戏中未详细描述的历史事件或文化背景；在电影中，则可以通过视觉效果和动作场景增强游戏的主要故事线；而漫画则可以聚焦于某些角色的个人故事或支线剧情。确保叙事一致性意味着各个媒体中的内容需要相互补充，而不是重复。例如，游戏中可能描述了一场关键战斗，书籍可以描述这场战斗前后的战略准备和个人斗争，电影则可以通过壮观的场景展示战斗的高潮。每种媒体在整体叙事中扮演独特的角色，共

同构建一个完整的故事世界。不同媒体平台的特性可以用来扩展和丰富故事，使其在各个平台上提供独特的体验。[①] 例如，游戏作为一个互动媒体，能够让玩家亲身参与到故事中，通过选择和行动影响故事的发展。而小说可以详细描述角色的内心世界和复杂的背景故事，这些内容可能在游戏中无法完全展开。电影则能够通过视觉和声音效果呈现壮观的场景，带来震撼的观影体验，同时可以通过电影中的镜头语言和音效增强情感表现。

动画则可能更适合展现角色的起源故事或补充游戏中的某些细节，如某些事件的具体经过或角色的过去经历。各种媒体平台不仅吸引了不同的受众群体，还为他们提供了独特的体验。例如，一个游戏可能吸引喜欢互动体验的玩家，而相关的小说和漫画可以吸引那些喜欢深入了解故事背景和角色动机的读者，电影则能够吸引寻求视觉和感官享受的观众。每种媒体在整体叙事中提供的独特视角和内容，不仅丰富了故事的层次感，也增强了观众和玩家的整体体验。

《星球大战》系列不仅有电影，还包括小说、漫画、动画、电视剧和游戏等多种媒体形式。每种媒体形式都在故事的不同方面进行扩展和补充，使整个《星球大战》的宇宙变得更加丰富和立体。例如，电影主要集中在主要剧情和视觉效果上，小说则详细描述了角色的背景和星际政治的复杂性，而动画系列如《克隆战争》则扩展了主要事件，介绍了新的角色和故事线。通过这种协调的叙事和互补的内容，《星球大战》成功地建立了一个庞大而连贯的宇宙，使得无论观众选择哪种媒体平台，都能深入体验和享受这种世界观。这种跨媒体叙事的策略不仅提升了品牌的影响力，也创造了更多的故事深度和玩家 / 观众的参与感。

---

① 董博：《电子游戏设计与古中山文化结合研究》，《石家庄职业技术学院学报》，2019 年第 31 期，第 42–47 页。

（二）衍生品和授权产品

通过开发和销售衍生品，可以进一步扩展游戏的世界观，并在其他媒体中增加品牌的曝光度。这种策略不仅能增强品牌的影响力，还能为游戏带来额外的收入，并吸引不同类型的受众。漫画通过视觉和文字的结合，为玩家提供了一种直观的方式，进一步探索游戏的世界和故事。这些作品不仅吸引了游戏粉丝，还能吸引那些对游戏背景和角色感兴趣的新受众，增强品牌的影响力。将游戏世界观改编成电影或电视剧，可以大幅提升品牌的影响力，并扩大观众群体。影视改编可以利用电影和电视剧的广泛传播渠道，吸引那些可能未曾接触过游戏的观众。

成功的影视改编不仅能够引起新的观众对原作游戏的兴趣，还能增强游戏在文化中的地位。例如，《刺客信条》和《神秘海域》等游戏的影视改编，成功吸引了大量新观众，并增加了公众对游戏的关注。影视作品通过丰富的视觉表现和动态叙事，能够让游戏的世界观在更大范围内得到传播，并引入新的玩家群体。推出与游戏相关的周边产品，如模型、玩具、服装和家居用品，是将游戏世界观融入日常生活的一种方式。这些周边产品不仅能够让粉丝在生活中享受游戏世界观，还能提升品牌的知名度。例如，将游戏中的角色模型、图案印在衣物上，或设计游戏主题的家居用品，都可以让粉丝展示他们对游戏的热爱，同时增加品牌的曝光度。这些产品能够成为品牌的象征，进一步强化玩家对游戏的情感联结，并为品牌创造额外的收入。

通过衍生品的开发和销售，游戏品牌能够在多个层面上获得扩展和强化。这些衍生产品不仅能够丰富游戏的世界观和故事情节，还能吸引不同的受众群体，从而扩大品牌的受众基础。此外，成功的衍生品可以增强品牌的文化影响力，使其成为一个多维度的娱乐体验。通过这些方式，游戏不仅能够在原有的游戏市场中取得成功，还能在更广泛的文化和商业领域中获得认可和成长。

（三）互动和体验式扩展

通过互动和体验式的内容，可以进一步增强游戏世界观的吸引力，为玩家提供更加沉浸式的体验，提升他们的参与感和品牌认同感。开发与游戏相关的主题公园、展览或沉浸式体验中心，可以将虚拟游戏世界带入现实世界，让粉丝在实际环境中体验游戏的魅力。这些主题公园和展览不仅能够为游客提供身临其境的体验，还能通过精心设计的互动区域和模拟场景，让游客真正感受到游戏中的故事和环境。例如，哈利·波特主题公园的成功展示了如何将电影和书籍中的魔法世界变为现实，通过各种游乐设施和展示区让访客沉浸在魔法的世界中。同样的策略可以应用于游戏领域，设计主题区域和互动活动，让玩家在游玩中体验到游戏的核心元素，如游戏中的重要场景、角色互动，以及故事情节的重现。

利用虚拟现实和增强现实技术，将游戏世界观扩展到虚拟或增强现实中，为玩家提供全新的互动体验。虚拟现实技术能够创建一个完全沉浸的虚拟环境，让玩家在其中探索游戏世界，体验各种互动活动。例如，通过虚拟现实游戏，玩家可以身临其境地参与游戏中的战斗、探险或任务，感受到游戏世界的真实感和紧张感。而增强现实技术则可以将游戏世界中的元素叠加到现实世界中，允许玩家通过手机或增强现实设备在真实环境中与虚拟对象互动。例如，通过增强现实应用，玩家可以在自己的环境中捕捉虚拟生物，解锁隐藏的游戏内容，或参与基于地理位置的任务。

通过这些互动和体验式内容，游戏世界观不仅能够在虚拟世界中得以展现，还能在现实世界中获得进一步的传播和认可。主题公园和展览能够将游戏的核心元素转化为现实中的互动体验，增强玩家对游戏的情感联结和认同感。而虚拟现实和增强现实技术则通过提供全新的互动方式和沉浸感，提升了玩家对游戏世界的体验深度。这些策略不仅能增加游戏的市场曝光度，还能拓展玩家的参与方式，为品牌带来新的商业机会和市场增长。

（四）音频内容的扩展

音频内容的扩展是一种有效的方式，可以将游戏的世界观延伸到其他媒体平台，通过广播剧、播客和原声音乐专辑等形式，为玩家提供更丰富的体验，进一步增强游戏的吸引力和沉浸感。广播剧和播客是扩展游戏世界观的一种富有创意的音频形式。制作与游戏世界观相关的广播剧能够在听众脑海中绘制出游戏中的各种场景和情节。这种音频剧集可以通过详细的剧本和专业的配音演员呈现游戏中的关键事件、角色之间的对话以及未展现的情节。例如，如果游戏中的某个重要事件在主游戏中未得到充分展示，广播剧可以通过专门的剧集深入探讨这些情节，为玩家提供更多的背景信息和情感内容。此外，广播剧还可以探索游戏中的次要角色和支线任务，增加对游戏世界的全面理解。

播客系列可以包括对游戏开发者的访谈，分享他们在开发过程中的创作灵感、设计挑战和技术突破。这样的内容不仅能为粉丝提供关于游戏制作的幕后故事，还能加深他们对游戏世界观的理解。播客还可以包含关于游戏故事的讨论、粉丝的反馈和互动环节，这些内容有助于建立一个活跃的社区，使玩家在游戏之外也能参与到讨论中，并与其他粉丝分享他们的观点和体验。

游戏音乐不仅为游戏的情节和氛围增添了深度，还能在玩家不进行游戏时继续发挥作用。音乐专辑可以包括游戏中的所有主要音乐曲目，以及未在游戏中出现的额外音乐作品，这些额外内容通常是由作曲家为专辑特别创作的。通过将这些音乐作品集合在专辑中，玩家能够在游戏之外重新体验游戏中的情感和氛围。原声音乐专辑的发布还可以结合专辑封面设计、插图画册或音乐制作的幕后花絮等附加内容，这些附加材料可以提供更深层次的艺术享受和对音乐创作过程的洞察。通过与音乐平台和零售商的合作，音乐专辑不仅能在玩家中获得好评，还能吸引音乐爱好者和收藏家，进一步提升游戏品牌的知名度。

音频内容的扩展通过丰富的叙事形式和音乐体验，使游戏世界观得以在玩家的日常生活中继续存在。这种跨媒体的内容扩展可以让玩家在游戏之外感受到更多的沉浸感和参与感，同时也为游戏品牌开辟了新的市场机会。广播剧和播客能够加深玩家对游戏世界的理解，并吸引那些对游戏有兴趣但尚未尝试的潜在受众。原声音乐专辑则通过音乐的情感力量，为游戏世界观提供了一个新的表达维度，并在全球范围内吸引更多的关注。通过这些音频内容的扩展，游戏品牌不仅能增强其文化影响力，还能在多元化的媒体平台上建立更广泛的粉丝基础。

二、世界观与游戏品牌扩展

（一）品牌辨识度和独特性

一个精心设计的游戏世界观不仅能够让游戏在竞争激烈的市场中脱颖而出，还能为品牌塑造一个独特的身份和风格。这种独特性能够帮助品牌在玩家心中建立深刻的印象，增强其市场认知度和吸引力。一个精心构建的世界观通过其独特的背景设定、角色设计和故事情节，能够为游戏品牌创造出鲜明的个性。例如，《星际争霸》的未来科幻世界观，通过其高度发达的科技背景、复杂的星际种族和详细的政治斗争，为品牌树立了独特的科幻风格。这种设定不仅在视觉和叙事上与其他游戏区分开来，还为玩家提供了一个深具沉浸感和代入感的虚拟环境。这种未来主义的背景设计使得《星际争霸》在众多策略游戏中显得独一无二，成为玩家和业内人士心目中的经典代表。

同样，《魔兽世界》的奇幻设计通过其丰富的魔法世界、复杂的种族和势力关系，为品牌打造了一个引人入胜的奇幻宇宙。游戏中的广阔大陆、神秘的魔法和史诗般的故事情节，共同构成了一个令人难忘的虚拟世界。这样的奇幻设计不仅在视觉和听觉上为玩家提供了极致的体验，还通过丰富的背景故事和角色发展，使得《魔兽世界》成为玩家群体中的文化现象。其独特的世界观不仅吸引了大量忠实粉丝，还促进了大量周边产品和衍生内容的发展。

通过独特的世界观设计，游戏品牌能够形成明显的视觉和叙事标识。例如，《星际争霸》的未来科技风格，通过其独特的机械化设计、未来战斗场景和科技设备，使得玩家能够一眼认出这一品牌的标志性风格。同样，《魔兽世界》的奇幻风格通过其独特的魔法生物、古老的建筑风格和中世纪幻想元素，使得这一品牌在视觉和感官上具有强烈的辨识度。

具有独特世界观的游戏品牌往往能够利用其独特的视觉和叙事元素，创造引人入胜的广告素材、促销活动和品牌合作。比如，《星际争霸》可以利用其未来科技的设定制作科幻风格的广告和周边产品，而《魔兽世界》则可以依托其奇幻世界推出相关的魔法道具和幻想艺术品。这种针对性强的品牌推广能够加强玩家对品牌的记忆，并促进品牌的市场认可度。

独特的世界观不仅能提升品牌的辨识度，还能帮助品牌与玩家之间建立深厚的情感联结。玩家在沉浸于游戏的虚拟世界中时，会形成对游戏角色、故事和世界观的强烈情感共鸣。这种情感联结能够转化为玩家对品牌的忠诚度和热爱，使他们愿意为品牌付出时间和金钱，并积极参与品牌的社区活动和讨论。让他们在现实世界之外拥有一个属于自己的虚拟家园。这样，品牌不仅能够吸引新玩家，还能保持现有玩家的忠诚度和参与度，进一步推动品牌的长期成功和市场发展。

（二）玩家忠诚度和社区建设

游戏世界观对玩家忠诚度和社区建设的影响是深远而显著的。一个引人

□ 游戏设计中的世界观搭建

入胜且深刻的世界观不仅能吸引玩家的长期投入，还能在多个层面上影响玩家的参与度和社区互动。一个精心设计的游戏世界观通过其丰富的背景故事、复杂的角色设定和广阔的虚拟环境，能够让玩家在游戏中找到深刻的情感共鸣。这种深厚的情感联结使得玩家对游戏产生强烈的归属感和忠诚度。例如，《最终幻想》系列凭借其宏大的世界观和详尽的角色背景，吸引了大量忠实玩家。这些游戏不仅提供了令人难忘的游戏体验，还通过不断扩展和深化其世界观，让玩家感受到自己在一个持续演变的虚拟世界中扮演着重要角色。

随着玩家对世界观的深入了解，他们会变得更加投入和忠诚，愿意长期参与游戏，甚至为游戏的发展提供支持和反馈。深入的世界观不仅能够吸引玩家个体的忠诚，还能够促进玩家之间的交流和互动，形成一个活跃的社区。玩家会因为共同的兴趣和情感联结而聚集在一起，分享他们对游戏世界的见解、理论和创作。这种互动可以表现为讨论论坛、社交媒体群组、粉丝创作（如同人小说、艺术作品）和线下活动等形式。例如，《最终幻想》系列的玩家社区不仅包括游戏讨论和策略分享，还涵盖对游戏角色和故事情节的深度分析以及粉丝活动和线下聚会。

社区中的玩家通过分享他们对游戏世界的热情和理解，进一步巩固了他们与品牌的联系，并推动了社区的不断发展和壮大。活跃的社区不仅能够带来持续的玩家支持，还能为品牌提供宝贵的反馈和创新建议。品牌可以通过社区的热情参与来探索新的内容和方向，从而在保持现有玩家忠诚的同时吸引新玩家。例如，《最终幻想》系列通过不断更新和扩展其世界观，推出新的游戏版本、扩展包和周边产品，维持了玩家的兴趣和参与度。这种持续的创新和扩展不仅能保持品牌的活力，还能为游戏世界观带来新的发展机遇。

游戏中的角色、故事和世界观成为玩家共同的文化符号，塑造了游戏的独特品牌形象。这种文化影响力不仅体现在玩家对游戏的热爱上，还体现在游戏周边产品、品牌合作和媒体宣传中。例如,《最终幻想》系列的角色和故事已成为广泛认知的文化标志，通过与其他媒体和品牌的合作，进一步扩大了游戏的影响力和品牌价值。玩家在日常生活中接触到的相关产品和活动也加深了他们对游戏世界观的认同感和忠诚度。游戏世界观的独特性和深度不仅能显著提升玩家的忠诚度，还能促进社区建设和品牌发展。通过不断扩展和丰富世界观，游戏能够在玩家心中建立深刻的情感联结，形成活跃的玩家社区，并推动品牌的长期成功。

（三）品牌扩展和跨媒体发展

强大的世界观为品牌扩展和跨媒体发展提供了坚实的基础。这种基础不仅支持游戏本身的扩展，还能够在多个媒体和产品领域中进行有效转化，推动品牌的全方位发展。一个经过深思熟虑的游戏世界观能够为游戏的持续扩展提供了丰富的素材和灵感。游戏开发者可以在现有的世界观基础上推出新的游戏版本、扩展包和内容更新，进一步挖掘和丰富游戏世界的细节。例如,《魔兽世界》通过不断推出扩展包,《燃烧的远征》《巫妖王之怒》《军团再临》不断扩展和深化了世界观。这些扩展包不仅增加了新的地区、任务和角色，还对游戏的核心世界观进行了扩展，使得游戏保持了长久的吸引力，并持续吸引新玩家。

一个强大的世界观能够有效地跨越到其他媒体平台，为品牌创造更多的曝光机会和收入来源。通过将世界观扩展到书籍、电影、电视剧、漫画和周边产品等领域，品牌可以触及不同的受众群体并增强其全球影响力。例如,《魔兽世界》的世界观不仅在游戏界内得到了扩展，还通过以下方式在其他媒体中得到了转化：大量与《魔兽世界》相关的小说和漫画被出版，这些作品不仅深入探讨了游戏中的背景故事和角色，还为玩家提供了新的视角和故事情节。例如,《魔兽世界》系列小说如《艾泽拉斯之战》系列扩展了游戏中的历史和人物故事，让粉丝能够更全面地了解游戏世界。2016 年推出的《魔兽》电影通过大银幕展现了游戏中的故事和世界观，不仅吸引了游戏玩家，还有对奇幻电影感兴趣的观众。这部电影不仅增加了品牌的知名度，还为游戏带来了新的玩家和粉丝。游戏中的角色、场景和符号还被转化为玩具、模型、服装等周边产品。这些产品不仅让粉丝在日常生活中与游戏世界观保持联系，还能创造额外的收入来源。例如，《魔兽世界》推出的周边产品包括角色模型、T 恤等，这些产品在全球范围内受到了热烈欢迎。通过跨媒体扩展，品牌可以吸引不同兴趣群体的粉丝。例如，游戏可能吸引了对互动体验感兴趣的玩家，而小说和漫画则能够吸引喜爱阅读和对故事进行深入探索的读者。电影和电视剧则能吸引那些对视觉效果和剧情有兴趣的观众。

品牌不仅能够扩大其受众基础，还能够在不同领域中建立起强大的粉丝群体。通过跨媒体的扩展，品牌能够在不同的文化和市场中获得认知和被接受。例如，《魔兽世界》的成功不限于北美和欧洲市场，还扩展到了亚洲市场，特别是在中国和韩国，这些地区的玩家和粉丝通过各种媒体接触到游戏的世界观，从而进一步推动了品牌的全球化进程。经过深思熟虑的游戏世界观不仅为游戏本身的扩展提供了基础，还能够在其他媒体和产品中进行有效转化。

三、游戏世界观设计案例

（一）《星球大战》（*Star Wars*）系列

1. 世界观设计概述

《星球大战》系列由乔治·卢卡斯创作，自 1977 年首次推出以来，已经发展成为全球最具影响力的娱乐 IP 之一。其世界观以其广泛的宇宙设定、复杂的历史背景和丰富的文化元素为特点，深深吸引了全球的观众和粉丝。

该系列设定在一个庞大且多样化的银河系中，包含了数百个星球，每个星球都有其独特的地理特征、生态系统和文化背景。这样的设定不仅提供了丰富的故事背景，还为角色的冒险提供了多种可能的环境和挑战。银河系中存在多个政治实体，如银河帝国、反抗军同盟、克隆军和新共和国等，这些政治实体之间的冲突和联盟构成了一系列的核心情节，并反映了丰富的社会和政治动态。

通过这些复杂的政治背景，该系列不仅讲述了个人英雄的故事，还探讨了权力、腐败和革命等更深层次的主题。例如，温和的耶达族与野蛮的沃基族形成了鲜明的对比，这种文化的多样性增加了故事的丰富性和吸引力。原力是该系列中的神秘能量场，贯穿了整个系列的核心主题。原力既是一种强大的力量，也是一种哲学观念，其存在推动了故事的发展，同时也赋予了角色超凡的能力和道德抉择的深度。

《星球大战》的世界观不仅在电影中得到了充分展现，还通过小说、漫画、电视剧和游戏等多种媒体形式得到了扩展。例如，《克隆战争》动画系列和《曼达洛人》电视剧等作品进一步探讨了游戏世界观中的未述故事和角色发展。这种跨媒体的扩展使得《星球大战》的世界观更加丰富多彩，并在全球范围内积累了广泛的粉丝基础。总体而言，该系列的世界观设计不仅通过其广阔的银河系、多样的文化背景和复杂的政治体系塑造了一个令人难以忘怀的虚拟宇宙，还通过原力这一神秘元素将故事的深度提升到新的层次。其成功的世界观设计不仅为该系列的故事提供了丰富的背景，也为跨媒体扩展奠定了坚实的基础，使其成为全球文化现象。

2. 成功要素

《星球大战》的成功可以归因于其详尽的宇宙构建和跨媒体扩展策略，这些要素不仅塑造了其独特的世界观，还为品牌的全球影响力打下了坚实的基础。这个银河系包括了多个星球和种族，每个星球都拥有独特的环境、文化和政治体系。比如，塔图因的干旱沙漠环境与科尔萨特的繁华都市形成了鲜明的对比，为故事提供了多样的背景。这种多样化的设定不仅使故事情节更具层次感，还为角色的发展提供了广阔的空间。每个星球和种族都有其独特的历史和社会结构，这种深入的设定让玩家和观众能够在探索每个新世界时感受到新鲜和独特的体验。该系列不仅限于电影，还通过电视剧、小说、漫画、动画和游戏等多种媒体平台进行了广泛的扩展。

每种媒体平台都为故事提供了独特的视角和补充内容，同时保持了统一的世界观和核心元素。这种跨媒体叙事策略使得《星球大战》能够在不同的内容形式中维持一致性，同时又能丰富和扩展原有的故事。例如，动画片《克隆战争》和电视剧《曼达洛人》进一步拓展了系列中的故事线，增加了对角色和背景的深入了解。小说和漫画则探索了电影中未详细展示的故事情节和角色背景。各种媒体内容互相补充，增强了品牌的整体影响力，并吸引了不同兴趣群体。《星球大战》的成功要素在于其详尽的宇宙构建和有效的跨媒体扩展策略，这些要素不仅为其创造了一个深刻且引人入胜的世界观，还为品牌的全球传播和受众吸引提供了强有力的支持。

（二）《魔兽世界》（*World of Warcraft*）系列

1. 游戏设计概述

《魔兽世界》是暴雪娱乐开发的经典大型多人在线角色扮演游戏，其世界观围绕一个名为艾泽拉斯的虚构奇幻世界展开。这个世界观丰富而复杂，涵盖了多个种族、文化、历史和魔法体系，为玩家提供了一个充满深度和多样性的游戏环境。艾泽拉斯是一个拥有多个大陆和地域的广袤世界，每个地区都有其独特的地理特征、社会结构和历史背景。例如，北方的诺森德以其冰雪覆盖的地貌和古老的巫妖王传说而著称；而南方的卡利姆多则是各种种族和文明交汇的地方，拥有丰富的热带雨林和古老的遗迹。这些区域不仅提供了各种环境和挑战，还深入探讨了每个地区的历史和文化，使得整个游戏世界观更具层次感和沉浸感。游戏中的种族和文化设计也非常详细，包括人类、精灵、兽人、矮人、巨魔等多种种族，每个种族都有其独特的文化、历史和政治体系。

种族间的互动和冲突是游戏故事的重要组成部分，玩家可以通过角色的选择和任务的完成，深入体验这些种族的背景故事和文化冲突。这种多样化的种族设定和文化描绘不仅增加了游戏的复杂性，也为玩家提供了多种不同的游戏体验。游戏中包含了各种魔法力量、神灵和神秘生物，如古代的泰坦、强大的元素生物以及各种魔法学院。这些魔法体系不仅丰富了游戏的背景故事，还为游戏的战斗系统和任务设计提供了多样的元素，使得玩家能够在探索和战斗中体验到丰富的魔法魅力。《魔兽世界》的世界观设计通过详细的地理环境、复杂的种族文化和丰富的魔法体系，为玩家创造了一个生动而引人入胜的奇幻世界。这种深度的世界观不仅增强了游戏的沉浸感，还为其在全球范围内的成功奠定了基础。

2. 成功原因

艾泽拉斯的世界观充满了丰富的历史背景和复杂的文化设定。游戏中的历史事件、古老的神话和政治冲突构成了一个错综复杂的叙事网。例如，联盟与部落之间的长期对抗不仅形成了游戏的核心冲突，也推动了整个故事的发展。联盟代表了以人类为主的多个种族的合作，而部落则是由兽人、牛头人等种族组成的联盟。两者之间的敌对关系贯穿了游戏的多个版本和扩展包。这种深度的设定让每个玩家在进入游戏时，仿佛进入了一个拥有完整历史和背景的世界。游戏内的各种任务、剧情和角色都有其独特的背景和动机，使得玩家能够从多个角度体验到艾泽拉斯的丰富性。例如，玩家在探索诺森德时，不仅是在完成任务，更是在深入了解一个古老而神秘的大陆，这里曾经发生过重要的历史事件，并影响了整个游戏世界的局势。游戏中的历史遗迹、神话传说以及各种事件，使得玩家能够在游戏中体验到一个充满深度和历史感的奇幻世界。

《魔兽世界》的成功不仅依赖于其丰富的世界观，还在于其积极的社区建设。游戏设计者通过创建多样化的任务系统、社交功能和大型战斗，促进了玩家之间的互动。公会系统的引入，使得玩家可以组成团队，共同完成高难度任务和副本，这不仅提升了游戏的互动性，也加强了玩家之间的联系。通过这些社交互动，玩家能够建立起深厚的友谊和合作关系，从而增强了他们对游戏的忠诚度和参与感。

暴雪娱乐通过不断推出扩展包和更新，持续扩展和深化游戏世界观。例如，“燃烧的远征”扩展包引入了全新的大陆和种族，进一步丰富了游戏的故事和设定。而“巫妖王之怒”则引入了全新的敌人和背景故事，使得游戏世界不断演变和扩展。这种内容的持续更新既为老玩家提供了新的挑战，也吸引了新玩家的加入，使得游戏保持了长期的活力和新鲜感。

开发者定期与玩家进行沟通，听取他们的反馈，并在游戏中实施改进，这种开放的态度使得玩家感受到被重视，并激励他们更多地参与到游戏中。此外，游戏内的各种活动，如节日庆典和特别事件，为玩家提供了丰富的内容和奖励，使得他们在游戏中保持兴趣和参与度。《魔兽世界》的成功在于其精心设计的世界观和有效的社区建设策略。通过深度的背景设定和持续的内容扩展，游戏不仅吸引了大量玩家，还维持了其市场地位和玩家忠诚度。这种结合了丰富叙事和积极互动的设计，确保了游戏在长期运营中的持续成功。

第三节　世界观的未来发展趋势

一、虚拟现实中的世界观

（一）沉浸式体验的深化

1. 趋势概述

随着虚拟现实技术的进步，游戏世界观的沉浸感正变得越来越强烈，使玩家能够在虚拟环境中体验到更为真实的感官刺激和互动。这种技术革新显著提升了游戏设计的可能性，为玩家提供了前所未有的沉浸式体验。通过高分辨率的头戴式显示器（HMDs）、空间音频技术和触觉反馈设备，玩家不仅可以感受到游戏世界中的细腻环境纹理，还能够听到真实的环境声音和体验物体的触感。这种多感官的体验极大增强了游戏的沉浸感，使得虚拟世界中的每一处细节都显得生动而逼真。通过手势追踪、动作捕捉和虚拟控制器，玩家可以用自己的手部动作、体态和姿势来操控游戏中的角色和物体。这种自然的互动方式使得游戏操作变得更加流畅和直观，同时也增强了玩家对游戏世界的掌控感。

在虚拟现实的冒险游戏中，玩家能够用手指捏住虚拟物体，或者通过身体的移动来探索游戏环境，这种自由度极大地提升了游戏的沉浸式体验。虚拟现实支持多人协作和社交功能，使玩家能够在虚拟环境中与朋友或其他玩家进行实时互动。这种沉浸式的社交体验使得玩家能够以更自然的方式进行合作和交流，创建出更加紧密的社交圈。在一个虚拟现实的多人游戏中，玩家不仅可以通过语音聊天交流，还可以通过虚拟形象的动作和表情进行互动，这种高度沉浸的社交体验增强了玩家之间的联系和游戏的互动性。

由于虚拟现实可以模拟真实的环境和物理现象，设计师能够在游戏中构建出更加庞大和细致的虚拟世界。玩家可以在这个世界中自由探索、互动和体验，从而获得更深刻的沉浸感。例如，设计师可以创建一个完整的虚拟城市，玩家可以在其中体验不同的街区、建筑和活动，这种沉浸式的世界观拓展不仅丰富了游戏内容，还提升了玩家的沉浸感。未来的虚拟现实游戏可能会集成更多先进的感官反馈技术，如气味生成、温度调节和更高精度的触觉反馈，进一步增强游戏世界观的沉浸感。[①] 同时，随着虚拟现实硬件和软件成本的逐渐降低，将会有更多的玩家能够体验到这种沉浸式的游戏体验，推动整个游戏行业的创新和发展。

总的来说，虚拟现实技术正以其独特的方式提升游戏世界观的沉浸感，为玩家带来了更加真实和深刻的虚拟体验，未来将在游戏设计中发挥越来越重要的作用。

2. 发展趋势

游戏世界观的沉浸感正显著增强，使玩家能够在虚拟环境中体验到更加真实的感官刺激和互动。通过高分辨率的头戴式显示器（HMDs）、空间音频技术以及触觉反馈设备，玩家不仅能够感受到游戏世界中的细腻环境纹理，还能听到真实的环境声音并体验物体的触感。这种多感官的体验将虚拟世界的每一处细节都呈现得生动而逼真，极大地增强了游戏的沉浸感。

---

① 陆兴华、罗文俊、刘仁秋：《基于 Android 系统的自适应跟踪场景渲染技术》，《计算机与网络》，2015 年第 41 期，第 72–75 页。

（二）跨现实的虚拟世界

1. 发展概述

未来的虚拟现实技术将使虚拟世界与现实世界之间的界限变得更加模糊，创造出一种跨现实的虚拟体验。这一趋势不仅意味着虚拟现实将不再是一个完全隔离的环境，而且将与我们的现实生活更加紧密地融合。随着技术的不断进步，虚拟现实将结合增强现实和混合现实（MR），使得虚拟元素能够无缝地融入现实世界，并在两者之间实现自然的互动。这种技术将使得虚拟世界的体验更加贴近现实，让玩家能够在自己的实际环境中看到和互动虚拟对象，从而极大增强沉浸感。此外，随着设备技术的进步，玩家将能够在虚拟和现实世界之间自如切换，甚至在同一空间内体验到虚拟与现实的重叠和交互。

在教育领域，虚拟现实将能够创建虚拟教室或实验室，让学生在现实世界中进行虚拟的互动和学习；在医疗领域，医生可以通过虚拟现实进行手术模拟，提升实际操作的准确性；在工作领域，虚拟现实将使得远程团队能够在虚拟环境中进行实时协作和交流，突破地理位置的限制。虚拟现实将支持更自然的多人互动，使得用户能够与现实世界中的朋友在虚拟环境中进行实时的社交活动和协作任务。这种增强的社交体验将使得虚拟现实不仅仅是一个个人体验的工具，而是一个可以促进人与人之间互动的强大平台。

未来的虚拟现实技术将通过与现实世界的紧密结合，提供更加丰富和多样的虚拟体验。这种技术的进步将推动虚拟现实在各个领域的应用，改变我们与虚拟世界互动的方式，并为用户带来更深刻的沉浸感和体验。

2. 发展方式

未来的游戏世界观发展方向将着重于增强现实与虚拟现实的融合，以及虚拟世界与现实世界的整合。这些发展将开创全新的互动模式和沉浸体验。

这种技术结合将打破传统的虚拟和现实的界限，让玩家在物理环境中与虚拟角色或物体互动。例如，玩家可能在现实世界的客厅中看到虚拟角色走动，或与虚拟物体进行互动。这种融合不仅能够提供更丰富的游戏体验，还能带来全新的交互方式和游戏模式，创造出更加沉浸的环境。

虚拟世界与现实事件的整合将使虚拟游戏内容与现实世界的事件、活动和场所紧密关联。这种整合将使虚拟世界不仅仅是一个独立的游戏空间，而是与现实世界的动态内容和社会活动相互交织。例如，虚拟现实中的游戏可能会模拟现实中的历史事件，或者与现实中的地理位置进行关联，提供同步的动态内容和体验。这种方式将使虚拟世界更加贴近现实，提升玩家的沉浸感和参与感。游戏世界观不仅将拓展到虚拟和现实之间的过渡，还将与现实生活中的各种元素进行深度整合。这将为玩家提供更为真实和引人入胜的虚拟体验，同时推动游戏设计的创新和进步。

二、人工智能与世界观的互动

在未来的游戏设计中，人工智能技术的应用将大幅提升游戏世界的动态性和个性化体验。人工智能的进步使得游戏世界可以实时调整，以响应玩家的行为和决策。例如，自适应环境功能可以通过人工智能实时改变游戏中的天气、地形和敌人分布。同时，生成式内容技术允许人工智能创建新的地形、建筑、故事情节和任务，确保游戏世界不断变化，增加了游戏的重玩价值。人工智能驱动的角色行为和对话使游戏中的非玩家角色（NPC）更加智能和逼真。NPC 能够根据玩家的行为做出反应，进行个性化对话，甚至发展出自己的目标和动机，从而提供与真实世界互动的感觉。动态对话系统利用自然语言处理技术，使 NPC 能够进行深度对话，并根据上下文调整回应，推动故事的发展并影响游戏世界的变化。

人工智能可以分析玩家的行为、偏好和游戏风格，提供个性化的游戏内容。这包括根据玩家的历史选择调整任务难度、敌人强度和剧情走向，使游戏体验更符合个人喜好。此外，人工智能还可以基于玩家的反馈和行为动态调整游戏世界观的某些方面，如故事背景和设定，从而提升玩家的沉浸感和游戏的吸引力。人工智能技术可以根据玩家的选择和游戏进程生成新的剧情，使游戏的故事更加丰富和多样。人工智能可以实时调整故事线，以适应玩家的决策和行为，使故事情节与玩家的个人经历紧密相关。人工智能增强的探索体验包括智能导航和提示系统，可帮助玩家在复杂的游戏世界中找到目标或探索新区域。人工智能能够根据玩家的位置和任务进度提供动态指导，同时生成新的探索内容和发现，如隐藏的区域、秘密任务或特殊事件，为玩家带来更多探索机会和惊喜。这些人工智能技术的应用将推动游戏设计的创新，使游戏世界观更加动态、个性化和富有深度，为玩家提供更加丰富和沉浸的游戏体验。

三、未来游戏世界观的创新方向

未来游戏世界观的创新方向将受到技术进步、玩家需求变化以及新兴创意的影响。高度沉浸的虚拟现实与增强现实技术将大幅提升游戏世界观的沉浸感。虚拟现实方面，将整合触觉、嗅觉和味觉等多感官体验，使玩家能够更全面地感知虚拟环境。例如，触觉手套和嗅觉设备的应用将让玩家感受到虚拟物体的质感和气味，从而更深刻地沉浸在游戏世界中。同时，虚拟现实技术的发展将支持更大规模的开放世界探索，玩家可以在虚拟城市、森林或宇宙中自由漫游，享受真实规模的环境体验。

增强现实方面，将虚拟元素融入现实环境中，创造出全新的游戏体验。未来的增强现实游戏将使虚拟角色和物体与现实世界互动，玩家可以在日常生活中体验虚拟任务和冒险。例如，在街道上追捕虚拟生物或在家中寻找隐藏的虚拟物品，这种融合将打破现实与虚拟的界限，提供前所未有的互动方式。人工智能和程序化生成技术将实时生成和调整游戏世界，创建广阔且充满变化的环境，使每个玩家的体验都独一无二。例如，程序化生成的地下城、星系或城市会根据玩家的行为不断变化。环境能够根据玩家的决策和行动实时响应，包括天气变化、地形改变或社会反应，为玩家提供更加沉浸和互动的体验。未来的游戏将拥有更智能的 NPC（非玩家角色），能够根据玩家的行为和对话生成动态反应和决策，NPC 的行为将更加复杂和个性化，使玩家与虚拟世界的互动更加真实和有趣。

人工智能将能生成与玩家决策相关联的动态剧情，使游戏的故事情节和任务更加个性化和多样化，玩家的每个选择都可能影响故事的发展和结局，从而提高游戏的重玩价值。未来的游戏世界观将包括游戏、电影、小说、漫画等多个平台，统一的世界观将使玩家在不同平台上体验到连贯的故事和背景，增强品牌的整体影响力。互动媒体的结合将提供全方位的娱乐体验，例如，玩家可以在虚拟世界中参加音乐会或与虚拟角色互动，扩展游戏的体验范围。

未来的游戏将更加关注社会和文化议题，探讨现实世界中的重要问题，如环境保护、社会公正、历史遗产保护等。这种设计将使游戏不仅是娱乐工具，还能成为社会和文化反思的平台。同时，游戏将更加注重表现多样化和包容性的世界观，呈现不同文化、种族和性别的角色和故事，丰富游戏内容，提供更多的认同感和共鸣。这些创新方向将推动未来游戏世界观的发展，使其更加丰富、互动和贴近现实。随着技术的进步和创意的不断涌现，游戏世界观将不断演变，为玩家提供更加独特和引人入胜的体验。

第四节　红色题材游戏世界观的未来

一、红色题材的持续创新

（一）历史与虚构的融合

未来的红色题材游戏将以更高的精度和创造性来处理历史叙事，从而提升玩家的沉浸感和教育价值。在深度历史还原方面，游戏将更加注重历史细节的精准还原，同时结合虚构元素丰富故事情节。通过先进的历史研究和技术手段，游戏能够再现历史事件的真实场景，并引入虚构情节和角色，打造出一个既真实又富有戏剧性的历史体验。这种方式不仅让玩家感受到历史的真实面貌，还能通过引人入胜的故事情节增强游戏的娱乐性和教育意义。

玩家可以在虚拟环境中“亲历”历史事件，例如，参与红色革命活动或见证重要历史时刻。这种沉浸式的体验将使玩家能够更深入地了解历史背景和文化意义。通过身临其境的互动，玩家不仅能够感受到历史的氛围，还能够更好地理解历史人物的动机和行为，从而实现更有效的历史教育。尽管保留历史真实性，游戏还可以创造新的虚构故事线，探索“假设历史”情境。例如，设定一个平行宇宙中的红色革命，让玩家体验不同的历史进程和结局。这种方式不仅可以引发对历史的深刻思考和讨论，还能提供一种全新的游戏体验，让玩家在虚构的情节中探索历史的多种可能性。红色题材游戏将能够在尊重历史真实的基础上，提供丰富的虚构叙事和互动体验，为玩家带来更深刻的历史理解和更具吸引力的游戏体验。

（二）文化传承与现代化

未来红色文化的游戏将通过将传统与现代设计理念相结合，开创出全新的体验方式。现代化的视觉风格将使红色文化元素焕发新的活力。例如，游戏可以利用现代艺术风格将革命历史场景以鲜明的色彩和细腻的3D三维，建模进行再现。这种方式不仅能忠实地还原历史的真实感，还能融入当代的设计美学，使传统文化内容更加贴近现代玩家的审美和体验需求。动态音效的应用也将为玩家提供沉浸感更强的音响效果，增强游戏的沉浸感和参与感。

通过设计自定义任务和活动，玩家可以深入革命历史的各个方面，例如通过完成历史情节重现的任务，参与虚拟的红色经典文学讨论，或体验革命音乐的创作与演奏。这些互动元素不仅丰富了游戏内容，还使玩家能够在游戏中积极探索和传承红色文化，从而加深对红色文化的理解和认同。游戏将通过全球化视角，将红色题材的故事和价值观传播到全球范围内。[①]通过跨文化的交流形式，游戏可以展示不同国家和文化对红色题材的不同理解和影响，从而促进国际的文化交流与理解。例如，游戏可能展示不同国家对红色革命的独特解读，或者通过本地化内容和多语言支持，让来自不同文化背景的玩家都能在游戏中体验红色文化的深度与多样性。这种全球化视角不仅能够丰富游戏的文化内涵，还能增强其在国际市场上的吸引力和影响力。

未来的游戏可能还会采用更先进的技术，如虚拟现实和增强现实，来进一步增强红色文化的呈现效果。通过虚拟现实，玩家可以在虚拟环境中亲身

---

① 王楠：《数字沉浸的空间诗学：游戏叙事中的场景研究》，《当代动画》，2020年第1期，第36–42页。

体验历史事件的场景，从而获得更加身临其境的历史教育体验。增强现实技术则可以将虚拟的红色文化元素融入现实生活中，让玩家在日常生活中与红色文化进行互动，例如，在现实世界中寻找和解锁与红色文化相关的虚拟任务和活动。未来红色文化的游戏将通过现代化的设计、互动参与和跨文化交流，为玩家提供更加丰富和多元的文化体验。这种创新的呈现方式不仅能够吸引更多的玩家，还能有效地传承和弘扬红色文化的核心价值。

二、红色题材的全球传播

红色题材的全球传播将历史和文化内容传达给全球受众。这包括确保翻译准确地传达核心意义并避免文化误解。翻译过程中，设计者要考虑文化差异和语境，调整政治术语、历史背景和文化符号，以适应目标市场的文化预期。同时，文化适配意味着要根据目标市场的文化背景调整内容，以符合当地的文化和社会规范，从而避免文化冲突，并保持内容的核心价值。利用社交媒体、国际游戏展览、线上平台和广播媒体等主要渠道，推广红色题材游戏和文化产品，可以触及广泛的国际受众，激发他们对红色题材的兴趣。此外，与国际知名品牌、文化机构或教育机构合作，开展跨文化的推广活动，如联合国际文化节、展览或学术讨论会，能够增加内容的可信度和影响力，同时扩展其全球影响范围。

开发教育资源和内容，如纪录片、讲座和教学材料，可以帮助全球受众了解红色题材的历史背景和文化意义。这些资源可以在学校、博物馆和公共图书馆中使用，促进对红色题材的理解和研究。同时，提供沉浸式的历史教育体验，也能让全球受众身临其境地了解红色题材的背景，提供互动式的教育体验，如虚拟历史场景的探索和角色扮演。这些活动可以促进跨文化对话，增进对红色题材的国际理解。此外，利用国际媒体和新闻平台，报道红色题材的历史和文化，以提升全球公众对这些内容的认知。这包括通过全球新闻频道、文化专刊和在线平台分享红色题材的故事和其对当代社会的影响。将红色题材扩展到多个媒体平台，如电影、电视剧、漫画、文学作品等，可以增加其全球曝光度。通过这些平台讲述红色题材的故事，能够吸引更广泛的观众群体。此外，开发跨平台的互动体验，如手机游戏、桌面游戏或在线角色扮演游戏，将红色题材内容融入其中，可以使受众以更有趣和参与的方式体验红色题材。

在数字化传播方面，利用互联网平台发布红色题材的数字内容，如电子书、音频故事和在线视频，可以迅速传播到全球各地，便于受众随时随地获取相关信息。通过社交媒体开展红色题材的推广活动，如线上讨论、互动问答和文化分享，可以吸引全球用户的关注和参与，增加红色题材的知名度。结合现代叙事技术和艺术风格，重新演绎红色题材故事，利用图形小说、虚拟现实和互动电影等形式，为红色题材提供新的表现方式，使其更具吸引力和现代感。设计跨文化角色和情节，使红色题材故事能够在全球范围内产生共鸣，能够促进对红色题材的多元理解和接受。与国际创作团队合作，利用不同文化和艺术风格的融合，创造出具有全球吸引力的红色题材作品，能增加作品的全球化潜力。可以有效推动红色题材的全球传播，使其在不同文化背景下得到广泛的认知和接受，增加其在全球范围内的文化影响力和社会价值。

三、红色题材与新技术的结合

红色题材与新技术的结合为该领域带来了创新的表现形式和更深刻的用户体验。虚拟现实和增强现实的应用使玩家能够身临其境地体验红色题材中的历史事件和革命场景。虚拟现实技术通过重现历史战役和重要事件，使玩家能够深刻理解红色题材的背景和意义，同时提供虚拟博物馆或历史重现的教育性体验。增强现实技术则通过将虚拟元素融入现实世界，让玩家在实际地点中体验红色题材故事，组织互动活动，如寻宝游戏，增强现实感和参与感，人工智能可以根据玩家的选择和行为实时调整故事情节，使红色题材故事更加丰富和个性化。同时，人工智能还能够模拟复杂的角色行为和互动，生成自然的对话和行为，提升游戏的沉浸感。人工智能还可以提供智能推荐系统，根据玩家的兴趣和游戏行为推荐相关内容和任务，增强个性化体验。

区块链技术的应用则引入了数字资产和收藏品的概念，如革命历史人物的数字头像或虚拟纪念品。这些数字资产通过区块链技术确保其唯一性和真实性，玩家可以安全地交易和展示这些资产。区块链还可以记录玩家的贡献和成就，如虚拟勋章或任务完成记录，为玩家提供长期激励和认可。

大数据分析帮助开发者了解玩家的行为和反馈，从而设计出符合需求的红色题材内容。数据分析可以优化游戏设计和内容，同时提供个性化的任务和体验，使游戏更贴合玩家的兴趣和需求。

市场趋势分析利用大数据预测红色题材的流行趋势和需求，优化市场策略和内容更新。多媒体融合方面，通过跨平台整合，将红色题材扩展到电影、电视剧、小说等媒体平台，增加其全球曝光度。例如，可以把游戏中的角色和故事改编成影视剧，通过多媒体形式讲述红色题材故事，吸引更多观众和玩家。

先进的音视频技术提升了红色题材的表现效果，动态音效和空间音频技术使游戏中的音乐和声音更具沉浸感，现代图形渲染技术提供高分辨率画面和真实光影效果，使红色题材的世界更加生动和引人入胜。这些新技术的结合不仅丰富了红色题材的表现形式，还增强了玩家的体验和参与感，使红色题材在现代游戏和文化传播中发挥了更大的作用。

结束语

世界观的搭建是整个游戏创作过程的核心要素，它为游戏的叙事、角色发展以及玩家的沉浸体验提供了坚实的基础。一个成功的世界观需要包括背景设定、规则与逻辑构建以及叙事与角色的融合。以下是对游戏设计中世界观搭建策略的总结。

世界观的背景设定是游戏设计的基石，它决定了游戏的整体基调和氛围。背景设定包括时间、地点、历史、文化和科技水平等元素，通过构建一个完整的背景设定，设计者可以为游戏中的角色和事件提供逻辑上的支持。例如，一个未来主义的科幻背景会影响游戏的视觉风格、角色技能以及故事情节的发展方向；一个中世纪的奇幻背景则会决定游戏中的武器、魔法系统和种族设定。背景设定的细致程度直接影响着游戏的沉浸感，玩家通过了解和探索这个背景，可以更好地融入游戏世界。

在一个虚拟世界中，规则与逻辑的构建至关重要，这些规则定义了世界的运作方式和内在逻辑。规则包括物理法则、魔法体系、社会秩序以及角色之间的互动方式。构建一个自洽的规则体系能够让玩家在游戏中找到合理性和一致性，从而增强游戏的真实感。例如，如果一个世界设定了魔法的存在，那么魔法的使用方式、限制条件以及对世界的影响就需要被明确界定。逻辑一致的世界规则使得游戏体验更加连贯，也为设计者提供了创作的框架，让故事情节和角色发展变得更有条理和可预期。

世界观不仅仅是一个背景板，它还需要通过叙事和角色来展现和发展。通过精心设计的故事情节和多样化的角色设定，玩家可以在游戏中体验到世界观的深度和复杂性。角色的背景故事、动机以及与世界的互动方式都应该与整体世界观紧密相连。例如，一个在战乱中成长的角色可能会对和平有着强烈的渴望，而这种渴望可以成为推动剧情发展的动力。叙事不仅帮助玩家理解游戏世界的结构和历史，还能通过角色的视角引导玩家逐步揭开世界观的全貌，使玩家在探索和互动中逐渐加深对游戏世界的理解和情感联结。通过角色与世界观的有机结合，游戏设计能够为玩家提供更加丰富和引人入胜的体验。

参考文献

[1] 范晶 .VR 虚拟现实技术在三维游戏设计中的开发策略 [J]. 电子技术与软件工程，2023（6）：58-61.

[2] 江岸 . 基于 Starling 游戏引擎的项目教学法在 Flash 游戏设计教学中的应用 [J]. 计算机教育，2015（23）：88-91.

[3] 宋芊祎 . 开放性世界类电子游戏对中国传统文化的呈现与传播研究——以《原神》为例 [J]. 喜剧世界（中旬刊），2023（12）：61-63.

[4] 徐杰，李栋宁 . 解谜冒险类电子游戏中的谜题设计方法研究 [J]. 艺术科技，2021，34（13）：246-248.

[5] 熊琨，郗彩莲 . 数字雕刻在“次世代”游戏场景设计中的应用 [J]. 电脑知识与技术，2022，18（11）：102-104.

[6] 谢宏兰 . 基于 Unity3D 射击游戏的设计与实现 [J]. 现代信息科技，2019，3（24）：89-91.

[7] 卢金浩，张帅，伍传敏 . 基于 Unity3D 三维游戏场景与 AI 系统的设计与实现 [J]. 三明学院学报，2013，30（6）：31-35.

[8] 白育炜，丁妮，周雯 . 浅析虚拟交互体验类游戏的场景设计——以 VR 游戏《Top Floor》为例 [J]. 现代电影技术，2019，30（6）：45-49.

[9] 栾佳玉 . 浅谈电子游戏情感设计 [J]. 设计，2017，30（23）：48-49.

[10] 孙诗婕，李栋宁 . 赫尔曼解释模式下的剧情类游戏叙事目标设计 [J]. 设计艺术研究，2022，12（2）：66–69.

[11] 朱玥玓，于延，闫欢 . 国产游戏中的中国元素融入 [J]. 黑龙江科学，2015，6（8）：52–52.

[12] 吴家晖 . 游戏角色的设计感与大众审美 [J]. 艺术科技，2013，26（11）：445.

[13] 曹婷婷 . 浅谈课程游戏化中的科学探索活动 [J]. 教师，2022（2）：66–68.

[14] 杜孟琳 . 游戏道具审美性设计原则探析 [J]. 上海建桥学院学报，2022（3）：53–56.

[15] 耿富成 . 基于 3D 角色游戏中 AI 引擎的设计研究 [J].电子技术与软件工程，2014（20）：91.

[16] 曹伟锋，韩卫娟 . 游戏媒介视域下非遗文化传播策略研究 [J]. 视听，2023（7）：148–151.

[17] 佚名 .《魔兽世界》地图指南 [J]. 软件，2004，25（7）：52–53.

[18] 黄子航 . 电子游戏与博物馆青少年教育 [J]. 文物鉴定与鉴赏，2020（21）：115–117.

[19] 王申，韩成浩 . 基于 Unity3D 的人员信息动态更新 [J]. 吉林建筑大学学报，2023，40（1）：85–88.

[20] 王鹤，彭璐 . 符号学视野下游戏 IP 形象设计研究 [J]. 包装与设计，2023（6）：146–147.

[21] 黄天益，赖守亮 . 浅析游戏设计中的虚拟美学及其体验 [J]. 才智，2017，20（18）：270–270.

[22] 杭大川 . 政治正确与电子游戏：谈《最后生还者》角色设计演变 [J]. 装饰，2023（10）：91–96.

[23] 董博 . 电子游戏设计与古中山文化结合研究 [J]. 石家庄职业技术学院学报，2019，31（3）：42–47.

[24] 陆兴华，罗文俊，刘仁秋 . 基于 Android 系统的自适应跟踪场景渲染技术 [J]. 计算机与网络，2015，41（18）：72–75.

[25] 王楠 . 数字沉浸的空间诗学：游戏叙事中的场景研究 [J]. 当代动画，2020（1）：36–42.

[26] 赵璐 . 三维游戏熊猫侠场景设计与制作 [J]. 同行，2016，30（15）：289–289.

[27] 颜宏达 .3D 像素 RPG 中“HD–2D”视觉美术研究——以创作《WHITENESS》为例 [J]. 苏州工艺美术职业技术学院学报，2021（1）：38–41.

[28] 李旻，孙翔，郭凯，尹璋琦，徐冬，无右 . 科学细读《星际争霸Ⅱ》重要问题 [J]. 新知客，2010，10（10）：89–95.

[29]Mongie，Blizzard（图）.WORLD OF WARCRAFT 魔兽世界 纸牌 [J]. 数码设计（surface），2011（5）：34–35.

[30] 神仙 . 单开也痛快——《战火：红色警戒》单开场景指南 [J]. 电脑知识与技术（经验技巧），2007（8）：119–120.

[31] 毕鑫，鲍正德，唐娅雯，余万 . 浅谈游戏世界观 [J]. 饮食科学，2018（4X）：134–134.

[32] 党志浩，赵一飞 . 架空世界对于游戏世界观构建的影响探讨 [J]. 新媒体研究，2020，6（17）：118–121.

[33] 刘大亨 .《物流大亨》游戏世界观初探 [J]. 网友世界，2008（12）：83–83.

[34] 隐于渊 . 九州 VSD & D——论东、西方奇幻游戏世界观 [J]. 程序员（游戏创造），2007（11）：72–77.

[35] 冯跃 . 角色扮演类游戏的世界观建构研究 [J]. 中文科技期刊数据库（全文版）社会科学，2022（10）：117–120.

[36]熊尊玉 . 游戏世界观与媒体互动——以游戏《口袋妖怪》为例 [J]. 艺术市场，2024（4）：100–101.

[37] 王耀冉，章颖芳 . 第九艺术的视觉表达剖析——以 MOBA 类游戏特效为例 [J]. 艺术科技，2024，37（7）：192–194.

[38] 蒋林均，吴祐昕 . 游戏化体验设计对互联网品牌用户增长的作用研究 [J]. 设计，2024，37（5）：140–143.

[39] 李震，刘芝瑜 . 元宇宙背景下游戏化营销对品牌体验的影响 [J]. 鄂州大学学报，2024，31（2）：67–72.

[40] 夏尔 . 三七互娱出海，中国游戏品牌走向全球化 [J]. 企业家信息，2024（1）：103–104.